JN180585

楽しく学べる C言語

長尾 文孝 著

共立出版

まえがき

C言語は1970年代初期に開発され，多くのプログラミング言語の基となっている．開発されてから40年以上経過しているが，今でも現役の言語であり，C言語プログラミングを解説した教科書は数多く出版されている．そういった状況のなか，あえて本書を執筆した．

なぜなら，C言語に関する知識やルールの解説は必要最小限に抑えて，プログラミングのアルゴリズムや考え方を中心に解説したほうが，学習する方にとって役に立つだろうと感じていたことが第一である．加えて，筆者の経験上，サンプルプログラムを1度作成しただけで，その項目のすべてが身に付くことはないので，経験をより多く積むために，数多くの問題に接して，アルゴリズムの多様さに接することができれば良いと感じていたこともある．

本書では解説する例題と各章末の演習問題をなるべく多く，時には誤ったプログラムも掲載して，プログラミングの様々な考え方に接することができるよう配慮した．したがって，一般的なC言語の教科書で取り上げる，ポインタ・アドレスや構造体等の部分は思い切ってカットした．その分，そこまでに達する内容は充実させることができたと思う．本書が扱うレベルまで習得できた人は，より上のレベルに行くのも容易であると思うので，カットした部分も難なく挑戦できるだろう．また一方で，初心者にとってイメージしやすい変数名を用いたプログラムを心掛けた．タイピングミスが生じやすい等のデメリットがあると指摘されることを承知で，あえてそのようにした．ちなみに，筆者自身こんな変数名を用いたプログラムの教科書を読んだことはあまりない．稚拙に見えるかもしれないが，初心者がイメージを持ちやすくするためと，ご理解いただきたい．

本としての良し悪しの判断は，読者の方にお任せしたい．ただ，C言語を真摯に学ぼうとしている方には，必ず「楽しく学べるC言語」になることを保証する．

最後に，本書の発行・編集に尽力くださった共立出版の寿日出男氏・中川暢子氏，原稿の校閲をしてくださった渡邊優子氏に深く感謝申し上げたい．

2015年12月

筆者記す

目　次

演習問題の解答は，共立出版ホームページに掲載しております．ご活用ください．
URL : http://www.kyoritsu-pub.co.jp/bookdetail/9784320123977

第1章 コンピュータプログラミングを学習するにあたって

この章ではコンピュータプログラミングに初めて挑戦する人に知っておいてほしいことや，その歴史，また，特に本書で扱うC言語プログラミングを始めるにあたって知っておいてほしい知識を概説する.

1.1 コンピュータプログラムとは何か

一般的に「プログラム」とは何かの段取りを定めたものを言う. 運動会のプログラムや卒業式のプログラムというように，「プログラム」という言葉は日常でよく使われているが，あまりその語の意味を考える人はいないかもしれない.「プログラム」という言葉の意味をより正確に言えば，あることの順序や手順を指し示すものである. つまり，運動会のプログラムは運動会で行われる競技等の順序や手順を定めたものとなる. 本書で学習するコンピュータプログラムは，コンピュータが行う作業の順序や手順（段取り）を指す.

コンピュータプログラムはすべて人間が作り出さなければならない. これは忘れてはいけない重要事項である. 運動会のプログラムの実行中に不慮のことがあった場合は，そのプログラムの作成者はもちろん，プログラムの遂行者も臨機応変に判断し，何とかうまく運動会のプログラムを実行してくれることがある. しかし，コンピュータプログラムの場合はコンピュータがプログラムの遂行者であるが，不慮のことがあってもプログラムを臨機応変に（人間が望むような形に）実行してくれることはない. そのため，プログラムの作成者がプログラムの実行にすべて責任をとらなければならないという点においては難しさがある.

1.2 コンピュータプログラムを作るための言語

コンピュータプログラムを作成するには，特有の言語を用いなければならないという決まりがある. もちろん，本書で扱うC言語もコンピュータプログラムを作成することのできる言語であるが，C言語以外にも多くの言語がある. 言語に応じて特徴があり，それぞれ長所や短所がある. C言語は科学計算やアプリケーション開発に有用な言語であると言える.

コンピュータのハードウェアの発展に伴って，コンピュータプログラムを作る言語も進化してきた. 起源は1950年代初期の機械語（マシン語）であり，この言語はコンピュータが唯一理解でき，かつ実行できる2進数の0と1のみからなる言語である. しかし，0と1のみ記述しなければならない言語では，プログラムを作るわれわれ人間が理解しがたく，かつプログラムを作る負担が大きい. そのため，その後0と1の羅列を記号化したアセンブリ言語が開発された. ただし，記述する部分を記号化したアセンブリ言語でもそのわかりにくさを決定的に解消したわけではなく，プログラムを書くことができたのは，専門性に優れる一部の人のみであったため，さらにわかりやすく，多くの人間が理解しやすい言語が必要とされた．これゆえ，現在において一般的に知られているプログラミング言語が開発されたのである．プログラミング言語はこのような歴史を経たことにより，最初に開発された機械語とアセンブリ言語がコンピュータのハードウェアに近い言語であることから低水準言語（低級言語）と呼ばれ，現在，主に使われているプログラミング言語は高水準言語（高級言語）と呼ばれる．本書で学習するC言語はFORTRANやCOBOL等の先駆的な高水準言語が開発された後，1972年に開発された．それ以降はPerl，Visual Basic，Java等さまざまな言語が開発され，現在では用途に応じて多くの言語が存在する．現在使われているほぼすべての言語は高水準言語と呼ばれる言語に分類される．

高水準言語は，人間が，よりプログラムを作成しやすいように考えられた言語であるため，人間は理解しやすいがコンピュータは直接理解できない．なぜなら，コンピュータが理解できる言語は2進数の0と1のみの文で構成される言語だけだからである．したがって，高水準言語で書かれたプログラムは，コンピュータがプログラムそのままではその手順を理解できずに実行できないこととなる．そのため，高水準言語のプログラムをコンピュータが理解できる2進数で書かれた機械語に翻訳しなければプログラムを実行することができず，プログラミング言語で書いたプログラムを2進数に翻訳する作業がプログラムの実行の前に必要となる．翻訳の作業には，プログラムをすべて翻訳してから実行するコンパイル型と，プログラムを逐次（1行ずつ）翻訳するインタプリタ型がある．C言語ではどちらでも可能だが，本書ではコンパイル型を解説する．

1.3 C言語を学ぶ意義

C言語は高水準言語の先駆けのようなプログラミング言語であり，プログラミング言語としては古い部類に入るが，現在でもプログラミングの学習に用いられている言語である．その理由として以下のことがあげられる．

1. C言語はさまざまなプログラミング言語の原型となるような言語であり，C言語の規則は他のプログラミング言語やアプリケーションにおいてもそのまま引き継がれていることが多い．それゆえ，C言語に関する知識が現在広く使われているプログラミング言語に対しても役に立つことが多い．
2. C言語を学習する際，専用のインターフェイスを使うこともできるが，操作が簡単なソフトでプログラミングを学べるので，インターフェイスの機能やその操作の煩わしさに邪魔されることなく純粋にプログラミングの基本を習得することができる．
3. C言語のプログラミングを行うことは，プログラムを正確に判断し，正確に読む訓練を養うことにつながる．C言語では，たった1文字のスペルミスでもエラーが発生する．対照的にVisual Basic等の言語のインターフェイスはスペルミスを自動的に修正する機能がついていて，些細なミスによってプログラム全体のミスを誘発させることを防止できるが，経験上，1文字のスペルミスを探す努力はプログラムを正確に読む訓練（スペルミスだけでなくプログラムの手順等も正確に判断する訓練）になるので，ミスをしてそれを自分の力で解決するための努力がプログラミングを行う能力を向上させることになる．

4. C言語は言語の文法が厳格であり，その厳格さによってプログラムの手順を意味するアルゴリズムを理解しやすい．つまり，何かよくわからないが，うまくプログラムが動作したという場面に出くわしにくい．このことはプログラムを学習する側にとってとても有用なことであり，プログラムを正確に理解できる機会が多い言語であると言える．

1.4 C言語におけるプログラム作成の流れ

C言語におけるプログラム作成の流れは以下のようになる．

1. プログラム文の作成：テキストエディタと呼ばれるソフトでプログラム文を記述し，プログラムソースファイルを作成する．
2. プログラムソースファイルを保存する．
3. コンパイラというソフトを用いて，プログラム文のコンパイルという作業を行う．専門的に言うならば，プリプロセッサにより#で始まる文の処理および機械語への翻訳作業（objファイルが生成される）を行う．
4. コンパイラによって，C言語プログラム文の文法のエラーチェック作業が行われる．
5. objファイルに標準ライブラリ関数を呼び出し，実行ファイル（exeファイル）が生成される．
6. プログラム（exeファイル）を実行する．

※上記3，4でエラーが発生した場合は1からやり直す．加えて6でプログラムの動作に誤りが生じた場合も1からやり直す．

1.5 演習問題

Q 1-1 プログラミング言語にはコンパイラ型とインタプリタ型がある．それぞれの長所と短所を述べよ．

Q 1-2 拡張子「.exe」というファイルは実行ファイルと呼ばれるが，どのようなファイルか具体的に述べよ．

Q 1-3 C言語で記述されたプログラムは，どちらかと言えばプラットフォームに依存するタイプのプログラムである．しかしながら，プラットフォームに依存しないタイプのプログラミング言語も存在する．プラットフォームに依存しないタイプのプログラミング言語をできるだけ多く挙げよ．

第2章 C言語プログラミングを行う環境を整える

この章ではC言語プログラミングを始めるために必要なPC環境を整える作業を解説する.

2.1 コンパイラの入手とインストール

C言語プログラミングを行う場合，プログラム文を記述した後，プログラム文を機械語に翻訳する作業（コンパイル）を行わなければならない．コンパイルを行うためには，専用のソフト（コンパイラ）を用いる必要がある．したがって，そのソフトをコンピュータにインストールしなければならないが，コンパイラは無料で入手することができる．

Microsoft社のVisual Studio Express 2013（無料版）のページにアクセスする[1]（**図2.1.1**）.

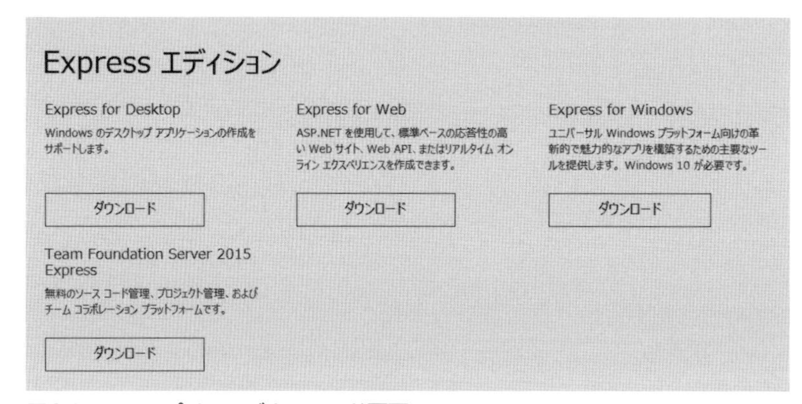

図2.1.1　コンパイラのダウンロード画面

Visual Studio Express 2013 for Windows Desktopをダウンロードする．この際，Microsoftのメールアカウントが必要になるため，アカウントを持っていない場合は作成してからダウンロードおよびインストールを行う．これらの一連の作業は画面の指示にしたがって行えば良いので，比較的簡単な作業である（**図2.1.2**）.

インストールが終了すると，コンピュータの「すべてのプログラム」の項目にVisual Studio 2013がインストールされる（**図2.1.3**）．これでコンパイラの準備は終了したこととなる.

1) 2015年8月現在のアドレスではhttp://www.visualstudio.com/ja-jp/products/visual-studio-express-vs.aspxとなっており，2015年7月20日にVisual Studio Express 2015 for Desktopがリリースされたため，最新版の2015のバージョンとなっている．本書と同じ2013のバージョンはhttps://www.microsoft.com/ja-jp/download/details.aspx?id=44914に変更されているが，本書で学習する内容はこれらのバージョンの違いにあまり左右されることはない．したがって，バージョン2015はもちろんのこと，2008や2010，2012のコンパイラを用いても構わない.

図 2.1.2　メールアカウント登録画面

図 2.1.3　インストールされたコンパイラ

2.2 プログラムを保存する場所の設定

次にプログラム文を記述したソースファイルを保存する場所を決める．基本的にはどこに保存しても構わないが，初めての方は煩雑さがない方が良いと思うので，次の方法を勧める．

1. 「コンピューター」を開いて「ローカルディスク (c:)」を開く．
2. ローカルディスク内に新しいフォルダを作成する（ローカルディスク直下に作成すると簡単である）．
3. そのフォルダ名を半角英数のみからなる簡単なフォルダ名にする．
4. C 言語を用いて作成するプログラムはすべてこのフォルダ内に保存することとする．

2.3 演習問題

C 言語と似たような名前を持つC++言語というプログラミング言語がある（本節でコンパイラをインストールする際にC++という記述を見たと思う）．C 言語とC++言語は異なるプログラミング言語である．C++言語はC 言語と比べ，どういった点が異なるのか，できるだけ具体的に述べよ．

ソフトにはフリーソフトとシェアウェアの種別がある．これらの違いを述べよ．

第3章 C言語プログラミングを始める

前章でC言語プログラミングを行う環境が整ったので，本章からC言語プログラムを作成する一連の作業を行う．最も基礎的なプログラム文を作成しながら，プログラム文における規則についても解説する．

3.1 プログラミングを行うための知識

初めてC言語プログラムの作成を行うが，本書においては，プログラムソースファイルを作成するためのソフト（テキストエディタ）として，メモ帳（NotePad）を用いる．このソフトはWindowsであれば必ず初期状態でインストールされているので，新たなソフトをインストールしなくても使うことができる．Windowsボタンの「すべてのプログラム」の「アクセサリ」の「メモ帳」を起動する[1]．

プログラミングを行う前にC言語の最低限の規則を確認しておくこととする．C言語プログラミングの規則は下で記述する以外にもたくさん存在するが，必要な時にその都度言及することにしたい．

1. プログラムの命令文は半角で打たなければならない（全角文字は不可である．ただし，全角文字のミスは見つけやすいが，全角スペースや全角カッコ，全角セミコロンは見つけにくいので，注意すること）．
2. 大文字，小文字の区別がある（Aとaは異なる文字として扱われる）．
3. 命令の終了の際，セミコロン「;」を記述しなければならない．
4. 命令の途中で改行してはいけない（セミコロンで命令が終了するまで改行してはいけない）．

3.2 画面に文字や記号を表示する

exam3-2-1：画面に「C言語の学習」と表示する．

プログラム作成の構想：exam3-2-1

初めてのプログラムなので，まず見本の通りにテキストエディタ（本書ではメモ帳）に打ってみてほしい．以下で詳しく説明するが，命令文はすべて半角で記述し，命令文の左側に大きな空白がある部分は Tab キーで作り出す．それらに気をつけてタイピングを行ってほしい．

1）テキストエディタと呼ばれるソフトは数多くあり，なかにはプログラミングしやすいように行番号等が表示されるソフトもあるので，必要ならばそれらのソフトを用いても構わない．

プログラムソースファイルの作成：exam3-2-1

```
1 #include<stdio.h>
2 main()
3 {
4         printf("C言語の学習");
5 }
```

プログラム文の解説：exam3-2-1

1行目：#include<stdio.h>はインクルード文と言ってC言語プログラムにおいて必ず書かなければならない決まり文句のようなものである．現時点において，この文について詳しく解説しても，読者の方はピンとこないと思うので，記述する意味の説明はここでは割愛したい．関数の章で詳しく解説するので，今は決まり文句と覚えておいていただきたい．初めてプログラムを行う場合，この文をstdio.hでなくstudio.hと書くミスをしやすいので注意してほしい．

2行目：現時点では，main() という文も1行目と同様に必ず書かなければならない決まり文句だと思っておいてほしい．

3行目：「{」はプログラムの命令文の始まりの区切りを意味する記号で，ブロック記号と言う．これも上の行と同様，必ず書かなければならない決まりになっている．

4行目：printf() は画面に何かを表示せよ，という命令である．printfに続くカッコのダブルクォーテーション「"」の中に書かれた文字を，画面に表示する処理を行う．最後のセミコロン「;」は命令の終了を意味する記号であり，最後に必ず記述する．printf() の前に長い空白が入っているが，これはプログラム文を見やすくするために Tab キーを1回押して入れたものである（インデントの挿入）．バグ（プログラムの誤り）を発見するためには，プログラム文が見やすい方が良い．Tab キーでインデントを入れると，見やすいプログラムにすることができるので，Tab キーを随所に用いて作成してほしい．自分がプログラム文を見る時のためだけではなく，人に見てもらう場合にも見やすく効果的である．空白自体を space キーを用いて入れるのは絶対に避けてほしい．逆にバグを見つけにくくする弊害となる．

5行目：「}」は3行目に対応する命令文の終了の区切りのブロック記号となり，この文も必ず記述しなければならない．

プログラムソースファイルの保存：exam3-2-1

メモ帳にプログラム文をすべて打ち終えたら，メモ帳のメニューバーの「ファイル」の「名前をつけて保存」で保存する．ただし，この時に以下の作業をしなければならない．ファイル名はすべて半角英数の名前にし，ファイル名の下の欄にあるファイルの種類を「すべてのファイル」に変更し，かつ「.c」という拡張子をファイル名につけて，プログラムソースファイルを保存するフォルダ（前章2.2参照）内に保存する（**図3.2.1**）．

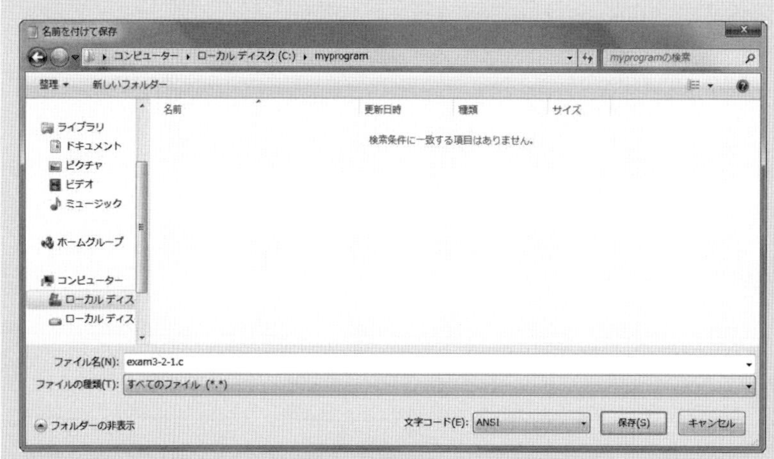

図3.2.1 プログラムソースファイルの保存

プログラムソースファイルのコンパイル：exam3-2-1

プログラムソースファイルを機械語に翻訳するためのコンパイラを起動する.「すべてのプログラム」から「Visual Studio 2013」の「Visual Studio ツール」を開く. その中の「開発者コマンド プロンプト for VS2013」を起動する（**図3.2.2**）[2].

図3.2.2 コマンドプロンプトの起動

コマンドプロンプトを起動すると，**図3.2.3**のような画面が現れる.

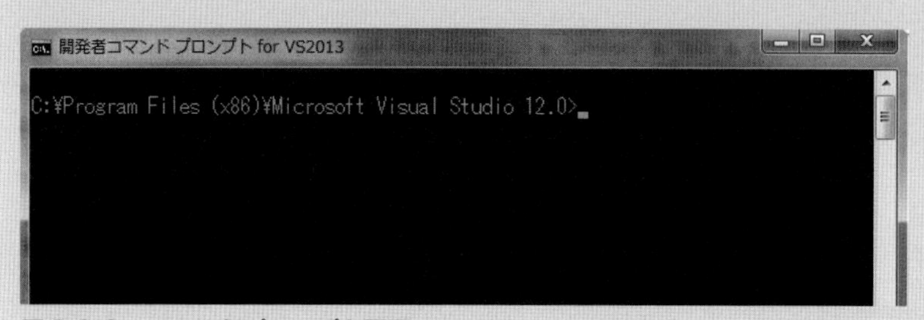

図3.2.3 コマンドプロンプト画面

C:¥Program Files(x86)¥Microsoft Visual Studio 12.0>という表示は現在位置(Current Directory)を意味する. つまり，現在位置はローカルディスク(c:)の中のProgram Filesというフォルダの中の（¥はフォルダを意味する），Microsoft Visual Studio 12.0というフォルダ内であることを意味している. コンパイルを行うためには，プログラムソースファイルを保存している場所に現在位置を移動させる必要があるので，まず，「cd ¥プログラムファイルを保存したフォルダ名」と入力して[3]（**図3.2.4**：図ではフォルダ名をmyprogramにしている）

2) 32bit版あるいは64bit版のさまざまな開発環境に対応できるように複数のコマンドプロンプトが提供されている.
3) Linuxコマンドと呼ばれる命令であり，cdはchange directoryの意.

Enter キーを押す．プロンプト画面において入力を誤った場合は，文章の入力のようにBack Spaceで消しながら前に戻ってやり直すことはできないので，そのままコマンドの入力をやり直せば良い．

```
oft Visual Studio 12.0>cd ¥myprogram_
```

図3.2.4　ディレクトリの移動

位置を移動するとプログラムを保存したフォルダに現在位置が変更されるはずなので，次にコンパイルを行う．「cl 保存したプログラムのファイル名（拡張子含む，clのlは小文字のエル）」と入力して Enter キーを押すとコンパイルが実行される（**図3.2.5**：図ではファイル名をexam3-2-1.cにしている）．

```
C:¥myprogram>cl exam3-2-1.c
```

図3.2.5　プログラムソースファイルのコンパイル

コンパイルが成功した時は，**図3.2.6**のように英語の文章が5行ほど出て，最後に/out:と表示されプログラムソースファイルと同じファイル名の.exeと.objのファイルが出力される．

```
C:¥myprogram>cl exam3-2-1.c
Microsoft(R) C/C++ Optimizing Compiler Version 18.00.31101 for x86
Copyright (C) Microsoft Corporation.  All rights reserved.

exam3-2-1.c
Microsoft (R) Incremental Linker Version 12.00.31101.0
Copyright (C) Microsoft Corporation.  All rights reserved.

/out:exam3-2-1.exe
exam3-2-1.obj

C:¥myprogram>
```

図3.2.6　コンパイルの完了

コンパイルに失敗した時は，**図3.2.7**のようにエラーが出てexeファイルとobjが出力されない[4]（わざと誤ったファイルにしたので，exam3-2-1-missというファイル名にしている）．その場合はプログラムソースファイルにミスがあるので（図の例ではexam3-2-1-miss.c(4)と記述があることからプログラム文の4行目にエラーがあるということである）[5]，プログラムソースファイルのミスを修正後，上書き保存してコンパイルの作業をやり直す．既にコマンドプロンプトを起動させ，現在位置をプログラムを保存しているフォルダにしている状態の場合は，clのコマンドからやり直すだけで良い．

4） exeファイルとobjファイルが出力されてもエラーが出ることもある．

5） このエラーは全角スペースがプログラム文に含まれているというメッセージである．

```
C:¥myprogram>cl exam3-2-1-miss.c
Microsoft(R) C/C++ Optimizing Compiler Version 18.00.31101 for x86
Copyright (C) Microsoft Corporation.  All rights reserved.

exam3-2-1-miss.c
exam3-2-1-miss.c(4) : error C3872: '0x3000': この文字を識別子で使用することはできません
```

図3.2.7 コンパイルエラーの表示

C言語プログラムの作成において，重要な部分を占めるのが，コンパイル作業を行ってコンパイルエラーが見つかり，それを修正してコンパイルし直すという一連の作業である．C言語プログラミングの作業はエラーの発見とコンパイルのやり直しの繰り返しであると思っていただきたい．そのために，以下のコマンドプロンプト画面での操作方法を覚えておくとかなり役に立つ．

1. ドライブの移動は「ドライブ名：」で行う．例：「D:(Enterキー)」(Dドライブへ移動)
2. 同じドライブ内のフォルダ間の移動はcd ¥フォルダ名で行う．例:「cd ¥myprogram(Enterキー)」(myprogramというフォルダへ移動)
3. 同ドライブ内であるが，Aフォルダの下の階層にまたBフォルダがあって，このBフォルダ内に移動する場合には，cd ¥Aフォルダ名¥Bフォルダ名と入力する（cd ¥Aフォルダ名と入力してEnterキーを押した後，cd ¥Bフォルダ名と入力しても移動できないので注意すること）．
4. コマンドプロンプト画面において一度入力したコマンドは記憶される．一度入力したコマンドを再度呼び出す場合には↑↓キーを繰り返して押すと呼び出せるので，この機能を利用すると便利である．
5. ソースファイルの作成とコンパイルは繰り返し行うことが常になるため，テキストエディタとコマンドプロンプトは常に起動した状態でプログラムの作成および修正，コンパイルを繰り返し行うと良い．

プログラムの実行：exam3-2-1

コンパイルに成功した後，プログラムの実行をコマンドプロンプト画面内で行う．コマンドプロンプト画面において/outで出力されたexeファイル名を入力すると実行される（**図3.2.8**）．また，コマンドプロンプト内では，プログラムファイルのexeファイルのみだけは，拡張子の「.exe」を省略しても構わないことになっている（ファイル名のみで構わない（**図3.2.9**））．

```
C:¥myprogram>exam3-2-1.exe
C言語の学習
```

図3.2.8 プログラムの実行

```
C:¥myprogram>exam3-2-1
C言語の学習
```

図3.2.9 プログラムの実行（拡張子の省略）

3.3 拡張表記（エスケープシークエンス）とコメント

exam3-3-1：画面に「C言語の学習」と表示し，その下の行にも「C言語の学習」と表示する（「C言語の学習」と2行表示する）．

プログラム作成の構想：exam3-3-1

画面に2行表示するためには，printf() を2行書けば良いという方針になると思う．したがって，exam3-2-1のプログラムから推測すると，次のように書けば良いと考えるだろう．

プログラムソースファイルの作成：exam3-3-1

```
1 #include<stdio.h>
2 main()
3 {
4         printf("C言語の学習");
5         printf("C言語の学習");
6 }
```

プログラム文の解説：exam3-3-1

1～3行目と6行目：決まり文句である．前プログラムでも説明したが，C言語においては必ず記述する．

4～5行目：printf() を2行記述して，画面に2行表示する．

プログラムの実行：exam3-3-1

```
C:¥myprogram>exam3-3-1
C言語の学習C言語の学習
```

図3.3.1　exam3-3-1の実行結果

コマンドプロンプト画面でコンパイル後，実行しても図のような実行結果になる（**図3.3.1**）．コンパイルエラーは表示されなかった．2行にわたって文字を表示したかったのだが，1行に続けて表示されている．このことから，プログラム文において改行し，2行にわたってprintf() を書いたとしてもコンパイラはそれを理解してくれないことがわかる．また，プログラムの実行結果が，たとえプログラムの作成者が望む結果にならなかったとしても，コンパイラは文法等が誤っていなければ，エラーのメッセージを発してくれないこともわかる．それでは次のプログラムで改行をどう行うかを学習しよう．

exam3-3-2：「C言語の学習」を2行にわたって表示するようにする．

プログラム作成の構想：exam3-3-2

プログラム文をいくら改行して記述しても，実行結果は改行されない．C言語では，改行する意味を持つ記号を，printf() 内に記述しなければならない決まりになっている．この記号を記述してみる．

プログラムソースファイルの作成：exam3-3-2

```
1 #include<stdio.h>
2 main()
3 {
4         printf("C言語の学習¥n");
5         printf("C言語の学習");
6 }
```

プログラム文の解説：exam3-3-2

4行目：改行したい位置に¥nという記号を記述する．

プログラムの実行：exam3-3-2

```
C:¥myprogram>exam3-3-2
C言語の学習
C言語の学習
```

図3.3.2　exam3-3-2の実行結果

printf() 内にいくつかの記号等をそのまま記述すると問題が起こる場合がある．こういった問題に対応するために拡張表記（エスケープシークエンス）のための記号が備わっていて，改行の意味を持つ¥nもその記号の1つである．ただ，初めてプログラミングを学習する方はある演習問題を作成すると，それを決まったパターンとして習得してしまいがちなので，思考を柔軟にするために，次の問題を考えていただきたい．

exam3-3-3：1行のprintf() の表記だけでexam3-3-2と同じ実行結果にする．

プログラム作成の構想：exam3-3-3

1行のprintf() でexam3-3-2と同じ結果を得るためには，どうしたら良いかを考える．時間がかかっても構わないので考えよう．

プログラムソースファイルの作成：exam3-3-3

```
1 #include<stdio.h>
2 main()
3 {
4         printf("C言語の学習¥nC言語の学習");
5 }
```

プログラム文の解説：exam3-3-3（解説せずとも理解できると思うので省略）

プログラム文の実行：exam3-3-3（exam3-3-2と同一なので省略）

本プログラムにおいて，拡張表記記号の¥nという記号はprintf() 内のどこに入れても構わないことを再確認してほしい．改行の場合と同じような例を学習するために，次の問題も挑戦してみよう．

exam3-3-4：exam3-3-3の2回目に表示される「C言語の学習」の「学習」の直前に半角のダブルクォーテーションを入れ込む．

プログラム作成の構想：exam3-3-4

どうなるか，やってみないことにはわからないので，とりあえず入れ込んでみよう．

プログラムソースファイルの作成：exam3-3-4

```
1 #include<stdio.h>
2 main()
3 {
4         printf("C言語の学習¥nC言語の"学習");
5 }
```

プログラム文の解説：exam3-3-4

4行目：間に「"」を入れ込んでみたが，気付いただろうか．printf() のカッコ内の前後に同じ記号が記述されている．これゆえ，次のコンパイルエラーが発生してしまう(**図3.3.3**)．

```
exam3-3-4.c
exam3-3-4.c(4) : error C2146: 構文エラー : ')' が、識別子 '学習' の前に必要です
。
exam3-3-4.c(4) : error C2001: 定数が 2 行目に続いています。
```

図3.3.3　exam3-3-4のコンパイルエラー

半角の「"」(ダブルクォーテーション) を画面に表示したい場合，printf() のカッコ内に記述しても既に命令の一部として存在するために，「"」の始まりと終わりの区切りがわからなくなってしまうことがエラーとなってコンパイルできない．詳しくは，プログラム文4行目のprintf内の学習という文字列の前に半角「"」が入っているので，コンパイラに「"」の終了と認識され，それに続く「学習」が識別子(何かの名前)としてみなされてしまい，その前に「)」：カッコの終了が必要ですというエラーメッセージが出ている．加えて，その後の「学習」という文字列は数ではないが，定数(文字列の定数という表現がされる)なので，「"」(ダブルクォーテーション)の後にも続いています，というエラーメッセージが出されている．

このように，そのまま表記した場合に命令の体系に影響を与えてしまう記号が存在し，それらに対応するために，拡張表記という形で異なる表記方法が存在するのである．半角の「"」もそれを表現するための拡張表記の記号があり，¥" となる．プログラムソースファイルを記述し直してコンパイルし直してほしい．

プログラムソースファイルの修正：exam3-3-4

```
1 #include<stdio.h>
2 main()
3 {
4         printf("C言語の学習¥nC言語の¥"学習");
5 }
```

プログラムの実行：exam3-3-4

```
C:¥myprogram>exam3-3-4
C言語の学習
C言語の"学習
```

図3.3.4 exam3-3-4の実行結果

「"」のような特殊な記号を表示するためには，拡張表記の記号を記述しなければならず，他にも存在する．主なものを表3.3.1に示す[6]．

表3.3.1 拡張表記の記号

¥n	改行
¥t	水平タブ
¥¥	半角文字「¥」の表示
¥?	半角文字「?」の表示
¥'	半角文字「'」の表示
¥"	半角文字「"」の表示

exam3-3-5：exam3-3-2のプログラムにコメントを入れる．

プログラム作成の構想：exam3-3-5

プログラム文にはコメントという説明文を自由に挿入することが可能である．自らが注釈を残しておきたい，あるいは後にプログラム文を再点検して変更するような場合が発生した時に，プログラム文中に説明を残しておくとわかりやすい．当然のことであるが，プログラムに関する重要な情報をまったく異なるファイルに記載するよりも，そのプログラム文中に直接記載しておいた方がわかりやすい．このため，プログラムにはコメントを表記する機能が備わっている．本プログラムではコメントの表記方法を学習しよう．

プログラムソースファイルの作成：exam3-3-5

```
1  #include<stdio.h>
2  main()
3  {
4          printf("C言語の学習¥n");//¥nは改行記号
5          printf("C言語の学習");
6          /*
7          printf("C言語の学習¥nC言語の学習");としても
8          同じ実行結果になります
9          */
10 }
```

プログラム文の解説：exam3-3-5

4行目：コメントが1行の時には「//」（スラッシュを2つ続ける：空白を中に入れない）を用いると「//」の部分から行末まですべてプログラム文には影響しない（プログラム文にはまったく関係のない），コメントとしてみなされる．

6）表中の¥という記号はJISコードであり，ASCIIコードでは/となる．

6～9行目：コメントが複数行にわたる時には「/*」から初めてコメント終了は「*/」の記号で終わるとそれがプログラム文に影響しないものとしてみなされる（もちろんコメントが1行の場合に用いても構わない）.

プログラム文の実行：exam3-3-5（exam3-3-2と実行結果が同一であるので省略）

3.4 演習問題

Q 3-1 次の3つの文章を3行にわたって表示するプログラムを作成せよ．1行目：「機械語」．2行目：「アセンブリ言語」．3行目：「高水準言語」．ファイル名はtest3-1.

```
C:¥exam>test3-1
機械語
アセンブリ言語
高水準言語
```

Q 3-2 前節で述べた拡張表記のための記号（表3.3.1）をすべて記述し，画面に表示せよ．その際，わかりやすくするためアルファベットを間に挿入すること（例：A改行B水平タブC半角¥D・・・）．ファイル名はtest3-2.

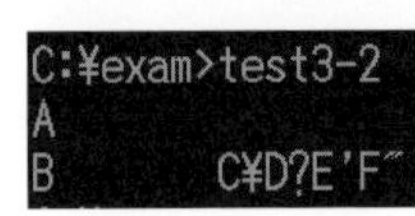

Q 3-3 アルファベットおよび改行と水平タブの拡張表記記号を用いて，実行結果が以下の例と同じになるようなプログラムを作成せよ．ファイル名はtest3-3.

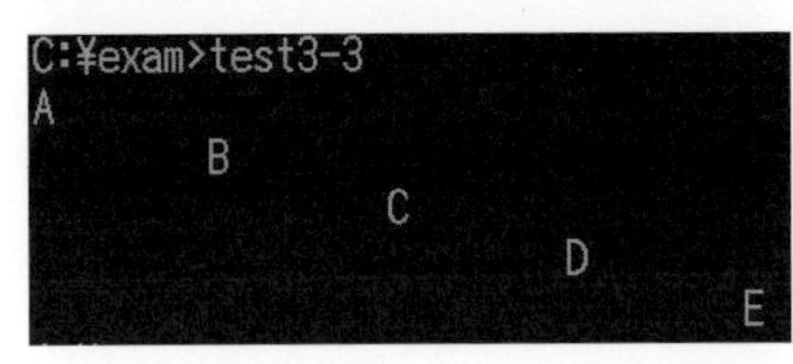

Q 3-4 前問と同様，アルファベットおよび改行と水平タブの拡張表記記号を用いて，実行結果が例と同じになるようなプログラムを作成せよ．ファイル名はtest3-4.

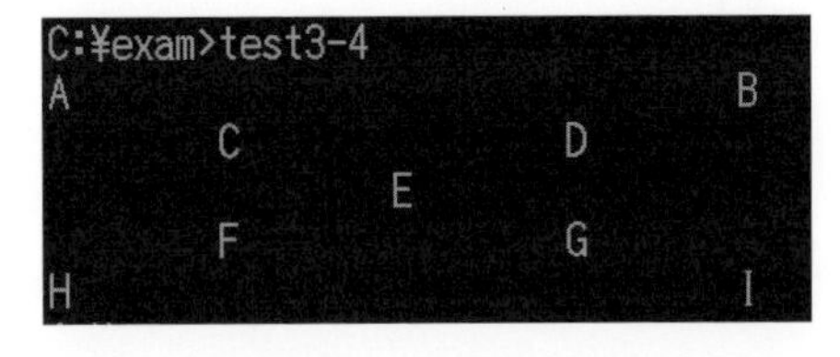

第4章 変数の作成（定義）と値の代入（初期化）

本章ではプログラム文において頻繁に使われる変数の作成（定義）と値の代入（初期化）方法，そして，変数に代入されている値を画面に表示する方法を学習する．

4.1 変数とは何か

何かの値を入れておくことのできるものを変数と言う．例えば$y=2x+1$という数式がある場合，xとyを変数と言う．その名前の通り，アルファベットで表示されるものに値が入り，かつその値は変わることができるので変数と呼ばれる．プログラムにおいても変わりうる値が入る容器のようなものを変数と言う．ただし，近年開発されたプログラミング言語では表面上区別がないものもあるが，C言語においてはその変数にどういった値が入るのかを初めに決めておく必要があり，それをデータ型と言う．

データ型とは述べたように，その変数にどんな値が入るのかを決めるものである．そのデータ型は大きく分けて，整数，小数，文字，型なし，がある（**表4.4.1**）[1]．

表4.4.1　データ型の種類

整数型	int
小数型	double
文字型	char
型なし	void

正確にはこれらは一部のデータ型であって，すべてのデータ型ではない（符号付き，符号なしあるいはビット数に応じて異なる），かつvoidについても使い方は特殊なので，初めての方は表の整数，小数，文字の3つを覚えるだけで良いと考える．

4.2 変数の作成（定義）方法

データ型　変数名

と記述することで変数を作成することができる．プログラム用語では作成することを定義と言う．

1）intはinteger（整数）の意，doubleは倍（double）精度浮動小数点型の意，charはcharacter（文字）の意，voidは空，無の意．もちろんこれら以外にもデータ型は多く存在する．これらのデータ型には扱える範囲があり，例えばint型では-2147483648～2147483647である．これを越えてしまうとデータサイズがオーバーフローして，値がおかしくなってしまう．

exam4-2-1：整数が入る変数を2つ，小数，文字が入る変数をそれぞれ1つずつ作成する（計4つ）．変数名をそれぞれseisuu1，seisuu2，shousuu，mojiとする．

プログラム作成の構想：exam4-2-1

プログラムを作成することにおいて，変数の作成は非常に重要である．述べた書式に従って記述し，変数の作成を学習してみよう．

プログラムソースファイルの作成：exam4-2-1

```
1 #include<stdio.h>
2 main()
3 {
4         int seisuu1;
5         int seisuu2;
6         double shousuu;
7         char moji;
8 }
```

プログラム文の解説：exam4-2-1

1～3および8行目：前章で解説しているように，決まり文句で書かなければならない．

4行目：整数が入る変数seisuu1を作成する（命令の終了はセミコロン）．

5行目：整数が入る変数seisuu2を作成する．

6行目：小数が入る変数shousuuを作成する．

7行目：文字が入る変数mojiを作成する．

データ型と変数名はスペースで空けなければならない．例えば，上のプログラム文のint seisuu1をintseisuu1としては，命令のどこで区切られているのかわからなくなってしまい，intseisuu1というひとつの語（命令）と認識されてしまうからである．したがって，データ型と変数名は必ず半角スペースで空けなければならないことを覚えておいてほしい．ちなみに，このプログラムソースファイルをコンパイルし，プログラムファイルのexeファイルを実行しても何も表示されない（プログラムソースファイルの保存とコンパイル，実行については前章で詳しく解説しているので，本章以降では割愛する）．画面に表示する命令printf()の記述がないので，実行しても何も表示されないのは当然のことである．小数型についてはfloat（浮動小数点型の浮動から由来）という型があるが，単精度であるfloatの桁数は4byte，一方，倍精度の小数型であるdoubleは8byteの桁数を確保できるので，doubleを用いた方が良い（より多くの小数点以下桁数の演算が可能になり精度が上がる）．昔のコンピュータと違い，現在のコンピュータの性能であればデータ型をdoubleにしたとしてもfloatと動作状態に違いはないので，doubleにした方が良い．

プログラムの実行：exam4-2-1（実行しても何も表示されないので省略）

基本的に変数の名前は，ある対象につける名前であるのでどういう名前をつけても構わない．ただし，次の変数名は使用してはいけないこととなっている．

1. 数字から始まる変数名. →<例> 1hensuu.
2. 既に命令文の単語として存在し，プログラム文を混乱させるような語（予約語と言う）→<例> intやdouble等（予約語は多くあるが，それらを覚える必要はない）.
3. 特殊な記号 → <例>!" #$% … 等（入れても構わない記号はあるが，記号は入れないように心がける. ただし，アンダーバー「_」は入れた方が良いと推奨されている. ハイフンは減算の演算子なので禁止されている）.

これらの決まりに従って変数名を決めれば良いことになるが，知らずに予約語を使ってしまうかもしれない. したがって，次の変数名にすることを推奨したい.

1. 日本語をそのままローマ字にしたものを用いる（例：takasa（高さ））.
2. 推奨されているアンダーバーを入れ込んだ変数名にする（例：square_height（正方形の高さ））.
3. 大文字と小文字が混在した変数名にする（例：SquareHeight）.

exam4-2-2：商品原価，商品個数（整数が入る変数を2つ），割引率，税率（小数が入る変数を2つ）作成する.

プログラム作成の構想：exam4-2-2

変数の作成の方法については前問で学習したので，復習してみよう.

プログラムソースファイルの作成：exam4-2-2

```
1 #include<stdio.h>
2 main()
3 {
4         int genka,kosuu;
5         double waribiki,zei;
6 }
```

プログラム文の解説：exam4-2-2

4行目：整数が入る変数genkaとkosuuを作成する.

5行目：小数が入る変数waribikiとzeiを作成する.

上のプログラム文のように，同じデータ型の変数を複数作成したい場合はカンマで区切って複数個記述しても良いことになっている. データ型名の記述を重複させなくても構わないので便利である. exam4-2-1と同様にプログラムを実行しても画面には何も表示されない. 表示する命令のprintf()を記述していないプログラムは画面に何も表示できない.

プログラムの実行：exam4-2-2（実行しても何も表示されないので省略）

exam4-2-3：exam4-2-2と同じプログラムを作成する．ただし，変数名をアルファベット１文字の変数名に変える．

プログラム作成の構想：exam4-2-3

変数名を変えるだけなので難しくないと思う．その通り作ってみよう．

プログラムソースファイルの作成：exam4-2-3

```
1 #include<stdio.h>
2 main()
3 {
4         int a,b;
5         double c,d;
6 }
```

プログラム文の解説：exam4-2-3

exam4-2-3とexam4-2-2のプログラムの異なる箇所は変数名である．exam4-2-3ではa,b,c,dであり，exam4-2-2のプログラムと異なって簡潔な変数名になっている．2つのプログラムは同じであるように思えるが，もし，どちらが良いプログラムかという質問を受けたとするならば，筆者はexam4-2-2のプログラムであると答える．なぜならexam4-2-2のプログラムでは，何が入る予定の変数であるかを変数名から推測できるが，exam4-2-3のプログラムでは変数名からは何が入る変数なのかを推測できないからである．プログラムの作成者として，なるべくわかりやすい名前を用いるようなプログラムを心がけるべきである．後日，ソースファイルを見直すことになる場合，難しいプログラムですぐには解決できないような場合，あるいは他人にソースファイルを見てもらうようなことが出てくる可能性がある場合は，名前も含めてなるべくわかりやすいプログラムにした方が良い．したがって，名前なので自由につけても構わないという姿勢ではなく，なるべくわかりやすいプログラムの作成をしようという姿勢でプログラム文を作成してほしい．

プログラムの実行：exam4-2-3（実行しても何も表示されないので省略）

4.3 変数への値の代入(初期化)

変数とは何かの値が入るものであるので，変数としての役割を果たすためには値を入れる（代入する）必要がある．変数に値を代入するには「=」（イコール）を用いる．イコールの左辺には値が代入される変数が入り，右辺には変数に代入する値が入る．

exam4-3-1：整数が入る変数を2つ作成し，2と−2を代入する．また，小数が入る変数を1つ作成して0.5を代入する．加えて文字が入る変数を1つ作成してAを代入する．

プログラム作成の構想：exam4-3-1

イコールを用いて，変数に値を代入してみることにしよう．

プログラムソースファイルの作成：exam4-3-1

```
 1 #include<stdio.h>
 2 main()
 3 {
 4         int seisuu1,seisuu2;
 5         double shousuu;
 6         char moji;
 7 
 8         seisuu1 = 2;
 9         seisuu2 = -2;
10         shousuu = 0.5;
11         moji = 'A';
12 }
```

プログラム文の解説：exam4-3-1

4～6行目：整数が入る変数seisuu1とseisuu2，小数が入る変数shousuu，文字が入る変数mojiを作成する．

8行目：変数seisuu1に2を代入する．

9行目：変数seisuu2に−2を代入する．

10行目：変数shousuuに0.5を代入する．

11行目：変数mojiに大文字Aを代入する．

プログラムの実行：exam4-3-1（実行しても何も表示されないので省略）

プログラム文のように，変数に値を代入するには，「=」（イコール）を用いて記述しなければならない．イコールの右側に代入する値，左側に代入される変数を記述する．プログラム文では読者の方が見やすいように変数と=の間にスペースを入れたが，スペースを入れずに書いても問題はない．文字を代入する際には代入する文字を「'」（シングルクウォーテーション）で挟まなければならず，代入可能な文字は半角英文字1つのみである．全角文字や文字列（ABCDといった複数の文字）を変数に代入することはできない．次のプログラムでは，変数を作成すると同時に値を代入する方法でexam4-3-1を作り変えてみることにしよう．

exam4-3-2：exam4-3-1を変数を作成すると同時に値を代入するプログラムに作り変える.

プログラム作成の構想：exam4-3-2

プログラムでは変数の作成と同時に値を代入する方法もあるので学習してみよう.

プログラムソースファイルの作成：exam4-3-2

```
1 #include<stdio.h>
2 main()
3 {
4         int seisuu1 = 2,seisuu2 = -2;
5         double shousuu = 0.5;
6         char moji = 'A';
7 }
```

プログラム文の解説：exam4-3-2

4行目：整数が入る変数seisuu1とseisuu2を作成すると同時にそれぞれ2と−2を代入する.

5～6行目：同じように，小数が入る変数shousuuを作成すると同時に0.5を代入し，文字が入る変数mojiを作成すると同時にAを代入する.

このように，変数の作成と同時に続けてイコールを記述することによって，値を代入することも可能である.

プログラムの実行：exam4-3-2（実行しても何も表示されないので省略）

4.4 変数を作成する位置

これまで，C言語プログラミングにおいては，変数等何かを作成する命令は一番初めに行わなければならない決まりがあった．しかしながら，例えば，本書で使用しているMicrosoft Visual Studio 2013のコンパイラに代表されるように，近年のコンパイラはプログラムの順序に矛盾がなければエラーとしないものもあり，それがこれからの潮流であろうと思われる[2]．ただし，これまでのC言語プログラミングの一般的規則は，変数等を作成する命令は一番初めに行わなければならないものであったため，コンパイラによっては現在でもエラーメッセージを発するものもあると思う．次の例でその違いを学習してみることとする.

exam4-4-1，exam4-4-2，exam4-4-3：変数を2つ作成し，それぞれ整数の5と10を代入する．加えて小数が入る変数を2つ作成し，それぞれ0.5と0.1を代入する．ただし，同じプログラムではあるが以下の3種類のプログラムを作成することとする．①変数の作成をすべて終えてからそれぞれに値を代入するプログラム（exam4-4-1），②すべてにおいて変数の作成と同時に値を

2）日本工業規格のJIS X 3010:2003（1999年）で，変数の定義をプログラムの一番最初に行わなくても良いことに変更された.

代入するプログラム (exam4-4-2), ③1つ目の変数の作成, 1つ目の変数への値の代入…というように, 作成と代入を交互に行うプログラム (exam4-4-3) の3つを作成する.

プログラム作成の構想：exam4-4-1,exam4-4-2,exam4-4-3

これら3つのプログラムを作るのはすでに容易であると思う. これらがどう異なるかについて学習したい.

プログラムソースファイルの作成：exam4-4-1

```
1  #include<stdio.h>
2  main()
3  {
4          int seisuu1,seisuu2;
5          double shousuu1,shousuu2;
6  
7          seisuu1 = 5;
8          seisuu2 = 10;
9          shousuu1 = 0.5;
10         shousuu2 = 0.1;
11 }
```

プログラムソースファイルの作成：exam4-4-2

```
1  #include<stdio.h>
2  main()
3  {
4          int seisuu1 = 5,seisuu2 = 10;
5          double shousuu1 = 0.5;
6          double shousuu2 = 0.1;
7  
8  }
```

プログラムソースファイルの作成：exam4-4-3

```
1  #include<stdio.h>
2  main()
3  {
4          int seisuu1;
5          seisuu1 = 5;
6          int seisuu2;
7          seisuu2 = 10;
8          double shousuu1;
9          shousuu1 = 0.5;
10         double shousuu2;
11         shousuu2 = 0.1;
12 }
```

プログラム文の解説：exam4-4-1, exam4-4-2, exam4-4-3

これら3つはすべて変数の作成と代入のみのプログラムであり, これまでの学習で十分理解できる内容であると思う. したがって詳細な解説は割愛する. 最も重要なことは, これら3つのプログラムの違いを理解することであるので, それを明確にしておきたい.

exam4-4-1は変数の作成をまとめて一番初めに行い，それから値を代入するプログラムである．exam4-4-2は変数の作成と同時にそれらすべてに値を代入するプログラムである．exam4-4-3は変数を作成して，次の行で値を代入することを繰り返すプログラムである．実は，これらのうち，長い間にわたってexam4-4-3のようなプログラムは不可であった．なぜならC言語プログラミングの規則では，変数を作成後，値の代入を行ってからまた新たな変数を作成することは，禁止されていたからである．実際にexam4-4-3をコンパイルすると，Visual Studio 2010のコンパイラではエラーが出る（**図4.4.1**）．Visual Studio 2013ではコンパイルエラーは出ないが，どんなコンパイラであってもエラーが出ないような決まりを覚えておくことは重要であるので，C言語プログラミングではすべて作成するものは最初に行うという規則であったことを心にとめておいてほしい．ちなみに，exam4-4-2のような場合は作成と同時に代入を行っているので，作成と代入のどちらになるかという疑問が湧くが，作成と代入を行う場合は「作成」とみなされることになるので，バージョン2010でコンパイルを行ってもエラーは出ない．

```
C:¥myprogram>cl exam4-4-3.c
Microsoft(R) 32-bit C/C++ Optimizing Compiler Version 16.00.40219.01 for 80x86
Copyright (C) Microsoft Corporation.  All rights reserved.

exam4-4-3.c
exam4-4-3.c(6) : error C2143: 構文エラー : ';' が '型' の前にありません。
exam4-4-3.c(7) : error C2065: 'seisuu2' : 定義されていない識別子です。
exam4-4-3.c(8) : error C2143: 構文エラー : ';' が '型' の前にありません。
exam4-4-3.c(9) : error C2065: 'shousuu1' : 定義されていない識別子です。
exam4-4-3.c(10) : error C2143: 構文エラー : ';' が '型' の前にありません。
exam4-4-3.c(11) : error C2065: 'shousuu2' : 定義されていない識別子です。
```

図4.4.1　Visual Studio バージョン2010の場合

4.5 変数の値を画面に表示する

何かを画面に表示するために用いる命令はprintf()であることは第3章で学んだ．やはり，変数の値を画面に表示するのもprintf()を用いる．ただし，変数の値を画面に表示するためには変換指定子という特殊な記号を用いなければならない．

printf()を用いて変数の値を画面に表示するには，

```
printf("変換指定子",変数名)
```

と記述する．

変換指定子には次の種類がある[3]（**表4.5.1**）．

表4.5.1　printf()の変換指定子の種類

%d	整数を10進数で表示する
%f	小数を表示する
%c	文字を表示する

3）これら以外にも変換指定子は数多くあり，8進数や16進数で表示する等の変換指定子もある．

exam4-5-1：整数，小数，文字の変数をそれぞれ1つずつ作成し，それらにそれぞれ「-10」，「0.8」，「A」を代入して，代入した値を画面に表示する．

プログラム作成の構想：exam4-5-1

変数の値をコマンドプロンプト画面に表示する方法を学習する．printf()の命令を用いて変数に代入されている値を画面に表示するには，変換指定子という記号を用いなければならないことを学習しよう．

プログラムソースファイルの作成：exam4-5-1

```
 1 #include<stdio.h>
 2 main()
 3 {
 4         int seisuu = -10;
 5         double shousuu = 0.8;
 6         char moji = 'A';
 7         printf("%d",seisuu);
 8         printf("%f",shousuu);
 9         printf("%c",moji);
10 }
```

プログラム文の解説：exam4-5-1

4行目～6行目：整数，小数，文字が入る変数をそれぞれ作成し，-10，0.8，Aを代入する．
7行目：変数seisuuに代入されている値を%dの変換指定子を用いて画面に表示する．
8行目：変数shousuuに代入されている値を%fの変換指定子を用いて画面に表示する．
9行目：変数mojiに代入されている値を%cの変換指定子を用いて画面に表示する．

変数のデータ型が整数，小数，文字で異なるのと同じように，変換指定子もそれに応じて異なるので注意しなければならない．printf()内のダブルクォーテーションの位置や変数の前に記述するカンマの記述を忘れやすいので注意してほしい．

プログラムの実行：exam4-5-1

```
C:¥myprogram>exam4-5-1
-100.800000A
```

図4.5.1　exam4-5-1の実行結果

-100.800000Aと表示されて，何のことかわからないが，前章で学習したことを思い出してほしい．プログラム文においてprintf()を改行して記述したとしても，実行時にはそれが反映されなかった．この場合も同じで改行されずに表示されている．つまり，-10，0.800000，Aが連続して横に表示されているのである．見やすく改行して表示するには前章で学んだ拡張表記の記号を用いる必要がある．

exam4-5-2：改行記号を用いてexam4-5-1のプログラムを見やすいプログラムにする．

プログラム作成の構想：exam4-5-2

第3章で学習した拡張表記記号を用いて，見やすくなるように表示する．

プログラムソースファイルの作成：exam4-5-2

```
 1 #include<stdio.h>
 2 main()
 3 {
 4         int seisuu = -10;
 5         double shousuu = 0.8;
 6         char moji = 'A';
 7         printf("%d¥n",seisuu);
 8         printf("%f¥n",shousuu);
 9         printf("%c",moji);
10 }
```

プログラム文の解説：exam4-5-2

exam4-5-1のプログラムに改行を行うための記号¥nを追記した．

プログラムの実行：exam4-5-2

```
C:¥myprogram>exam4-5-2
-10
0.800000
A
```

図4.5.2　exam4-5-2の実行結果

整数と文字はプログラム文に代入した値の通りに表示されるが，小数のみ0が加えられて小数点以下6桁まで表示されている．小数に関しては初期設定で小数点以下6桁まで表示されるようになっているので覚えておくと良い（表示桁数を変える方法については後に学習する）．

ここで，1つの疑問を提示したい．exam4-5-1も4-5-2も改行の違いはあるが，-10，0.800000，Aという順序で画面に表示された．なぜ，A，-10，0.800000という順序で表示されなかったのだろうか．おそらく読者の方は当然だと答えるだろう．なぜならプログラム文におけるprintf()の命令の順序がその順序であるからであると．実は，このことはプログラムを理解する上でとても重要である．コンピュータプログラムはC言語に限らず，記述したプログラム文の順序通りにプログラムが実行されるという重要な法則がある．したがって，逆に言えばプログラムを実行した時に，それが実行される順序でプログラム文も書かなければならないことになる．プログラム文が順に処理されていくというプログラム文の構造（規則）は，順次処理（連接処理）と呼ばれ，プログラム文における最も重要な構造の1つである．当たり前のことだと思われるかもしれないが，複雑なプログラムになればなるほど，この法則を無視して記述してしまう場合があるので，常に念頭においてプログラム文を書かなければならない．

exam4-5-3：exam4-5-2を改変し，3つのprintf()ではなく1つのprintf()の命令だけで画面に表示するようにする（複数の変数の値を1つのprintf()で画面に表示する）．加えて変数の値に日本語を付け足して，「変数に代入された値は○と○と○です．」と表示する．

プログラム作成の構想：exam4-5-3

printf()内で日本語（全角文字列）と変換指定子を同時に記述して，日本語と変数の値を同時に表示可能である．加えて，1つのprintf()で複数の変数の値を複数の変換指定子を記述することによって表示することができる．これらの方法を学習する．

プログラムソースファイルの作成：exam4-5-3

```
1 #include<stdio.h>
2 main()
3 {
4         int seisuu = -10;
5         double shousuu = 0.8;
6         char moji = 'A';
7         printf("変数に代入された値は%dと%fと%cです",seisuu,shousuu,moji);
8 }
```

プログラム文の解説：exam4-5-3

7行目：複数の変数の値を1つのprintf()で表示するには，変換指定子を，表示する変数の個数分記述して，それに合わせて変数もカンマで区切って記述することによって行う．

変換指定子と変数は左から順に対応するので（左から順に%d→seisuu，%f→shousuu，%c→moji），記述の順序には注意しなくてはならない．例えば，変換指定子は3つ記述されているが変数が2つしか記述されていない場合や，変換指定子は3つ記述されているが，変数が4つ記述されている等のように，変換指定子の個数と変数の個数が一致しない場合はコンパイルエラーが発生するので，注意してほしい．そして日本語の同時表記については変換指定子が中に含まれていても含まれていなくてもprintf()内で問題なく記述できる．

プログラムの実行：exam4-5-3

```
C:¥myprogram>exam4-5-3
変数に代入された値は-10と0.800000とAです
```

図4.5.3　exam4-5-3の実行結果

さて，話を変換指定子に戻す．変数に代入されている値を表示するのに，なぜ変換指定子という特殊な記号を用いた複雑な方法によって行わなければならないのか，次のプログラムでその理由を理解していただきたい．

exam4-5-4：3つの整数，64，65，66を3つの変数に代入する．加えて整数を代入する変数をもう1つ作成して，整数ではなく小数1.6をわざと代入してみる．前者の3つの整数を，変換指定子%dを用いて画面に表示する．その後，それらの変数を整数表示の変換指定子を用いずに，文字表示を行う%cの変換指定子で画面に表示してみる．小数を代入した変数については，最後に整数を表示する変換指定子%dによって画面に表示する．

プログラム作成の構想：exam4-5-4

変換指定子という記号がなぜ存在するかを学習するために，異なる変換指定子を記述するとどうなるかを確認しよう．

プログラムソースファイルの作成：exam4-5-4

```
1  #include<stdio.h>
2  main()
3  {
4          int seisuu1 = 64;
5          int seisuu2 = 65;
6          int seisuu3 = 66;
7          int seisuu4 = 1.6;
8          printf("整数を代入した変数に代入されている値は%dと%dと%d¥n",seisuu1,seisuu2,seisuu3);
9          printf("これらの変換指定子を文字にすると%cと%cと%c¥n",seisuu1,seisuu2,seisuu3);
10         printf("整数に小数を代入してみると%dとなる。",seisuu4);
11 }
```

プログラム文の解説：exam4-5-4

4～7行目：変数に値を代入する．

8行目：1つのprintf() 内で3つの変数に代入されている値を3つの%dを用いて表示する．加えて，次のprintf() の行と区別をつけるために最後に改行記号を入れておく．

9行目：3つの変数には整数を代入したが，わざと文字変換の%cを用いてどう表示されるかを確かめてみる．

10行目：整数を代入すべき変数にわざと小数を代入して，%dを用いるとどうなるか確かめてみる．

このプログラムでわかると思うが，printf() 内で1つの変数を1度表示してしまうと表示できなくなることはなく，何回も同じ変数をprintf() 内に記述して表示しても構わない．また，本プログラムでは一行が長くなって見づらくなってしまうことを回避するために3行に分割したが，これらのすべてをたった1行のprintf() だけで記述しても構わない（1つのprintf() 内に同じ変数が繰り返し出てきても構わない）．見本のプログラムを改変して試してみていただきたい．

プログラムの実行：exam4-5-4

```
C:¥myprogram>exam4-5-4
整数を代入した変数に代入されている値は64と65と66
これらの変換指定子を文字にすると@とAとB
整数に小数を代入してみると1となる。
```

図4.5.4　exam4-5-4の実行結果

プログラムソースファイルのプログラム文の8行目の部分は，これまでの学習の通りそのまま64，65，66となっているが，9行目でわざと変換指定子を%cにした場合では文字が現れ，@，A，Bと表示された．10行目では整数を格納するべき変数にわざと小数を入れたが1と整数で表示されたことがわかる．

9行目のプログラム文では，なぜこのような結果になったのであろうか．プログラム文の意味を説明する前にコンピュータにおける文字の扱いについて解説したい．第1章で触れたがコンピュータは電気をエネルギー源としているため，電気が通るか通らないかで情報を識別する．つまり0か1を基本情報とし（1ビット），2進数で情報を識別している．われわれは10進数を用いるがコンピュータは2進数を用いるので，例えば，10進数で20という数字をコンピュータは2進数の10100と解釈する．では文字の「A」をコンピュータはどうやって識別しているのだろうか．われわれは言うまでもなくその形状でアルファベット大文字のAと識別するが，コンピュータには人間のように形状で識別する能力はない（形状をスキャンし，その形態を代替的な2進数の信号で識別することによって結果的に認識しているように見せかけている場合はある）．したがって，文字であってもコンピュータは2進数で識別しなければならない．このため，文字を2進数で識別できるように，文字にはあらかじめ世界共通のASCIIコードという番号がつけられていて，数字（番号）によって何の文字かを判別する決まりとなっている．文字コード表の@記号をクリックするとわかると思うが，コード表のウィンドウ最下部には0040と表示されていて，これが@記号の番号になる（**図4.5.5**）[4]．ただし，この数字は16進数での数字であるので，右から2桁の位が4であることから10進数に変換すると4×16番目，つまり64番目となる．

図4.5.5　文字コード表

9行目のプログラム文に戻ろう．9行目では3つの整数64，65，66を代入した3つの変数を%dではなく，文字表示する%cを用いて表示している．すなわち，コンピュータは64を10進数の64と表示するのではなく，%cを用いたことによって64番目の文字である@，その次の65番目であるA，66番目であるBを表示したことになる．

4）PCのWindowsボタン（スタートボタン）をクリックして，最下部にある「プログラムとファイルの検索」のキーワードに「文字コード表」と入力すると文字コード表が現れる．

10行目のプログラムでは，整数を格納する変数にあえて小数を代入して整数表示したプログラムであり，1.6を代入したはずが1と画面に表示された．C言語プログラミングでは整数を格納する変数に整数ではなく小数が代入されたとしても，切り捨てられる決まりになっているため，画面に1と表示されたことになる．この切り捨ての法則はC言語プログラムでは重要な法則であり，プログラミングする際には，小数を整数表示した場合には四捨五入ではなく切り捨てされてしまうことを常に頭の中に置いておかなければならない．

ところで，0.5という小数を%fを用いて画面に表示する際，0.500000と表示されてしまう（小数点以下6桁まで表示）ことは，exam4-5-1で確認した．次のプログラムで，画面に表示する小数点以下の桁数を制御する方法を学習しよう．

exam 4-5-5：小数0.5を変数に代入して，0.500000ではなく0.5と画面に表示する．

プログラム作成の構想：exam4-5-5

表示桁数は%fという変換指定子の%とfの間にドットと数値を入れることによって制御可能である．例えば，% 3.1fと記述するとドットの前の数字の3が総桁数を決め，ドットの後の数字の1が小数点以下の桁数を決めることになっている．つまり，12.3という数字を例に挙げれば整数部は2桁であり小数部は1桁であるので，総桁数3小数点以下の桁数1となる．算出される数値の総桁数が何桁になるかわからない場合はドットの前の総桁数を省略して小数点以下の桁数のみを指定することも可能である．

プログラムソースファイルの作成：exam4-5-5

```
1 #include<stdio.h>
2 main()
3 {
4         double shousuu = 0.5;
5         printf("%2.1f¥t%.1f",shousuu,shousuu);
6 }
```

プログラム文の解説：exam4-5-5

4行目：変数shousuuを作成し，同時に0.5を代入する．

5行目：printf()で変数の値を桁数制御して表示する．初めは総桁数2小数以下の桁数1で表示し，次は総桁数を省略して小数点以下の桁数1のみで表示してみることにする．これらの表示をわかりやすくするために間に¥tの記号によって空白（インデント）を入れる．

プログラムの実行：exam4-5-5

```
C:¥myprogram>exam4-5-5
0.5     0.5
```

図4.5.6　exam4-5-5の実行結果

本プログラムによって，小数点以下の桁の表示の仕方を理解できたと思う．プログラミングでは画面に何かを表示するのも一苦労であるという印象を持ってしまうが，慣れるとそれほど気にならなくなるので，プログラムに慣れることが重要だと思ってほしい．

4.6 演習問題

3つの変数にそれぞれ55,65,75を代入して，それらを画面に表示するプログラムを作成せよ．ファイル名はtest4-1.

```
C:¥exam>test4-1
55      65      75
```

3つの変数にそれぞれ−10,6.52,Gを代入して，それらを画面に表示するプログラムを作成せよ．ファイル名はtest4-2.

```
C:¥exam>test4-2
-10     6.52    G
```

3つの変数に100,10000,1000000を代入して，それらを画面に表示するプログラムを作成せよ．その際，日本語（全角文字）も交えて表示するようにせよ．ファイル名はtest4-3.

```
C:¥exam>test4-3
変数に代入されている値は100と10000と1000000です
```

文字にはアスキーコードという番号がつけられており，大文字のAは65番目で小文字のaは97番目である．大文字のKと小文字のkのコード番号を変数に代入して，それらを文字として画面に表示し，かつそれぞれのコード番号が何番目かも表示するプログラムを作成せよ．ファイル名はtest4-4.

```
C:¥exam>test4-4
Kは75番目で、kは107番目です
```

記号の1つである「|」（バーティカルバー：小文字のエルではない）のアスキーコード番号が何番目かを表示するプログラムを作成せよ．ファイル名はtest4-5.

```
C:¥exam>test4-5
|は124番目です
```

変数に10と3.5を代入して画面にそれらの値を表示したところ，以下のような実行結果となった．これは明らかにおかしい実行結果であるが，コンパイル時にエラーは出なかった．プログラム文にどのようなミスがあったと考えられるだろうか．この実行結果と同じようなエラーになるようなプログラムを作成せよ（1074528256と同じ数字は出ないが，明らかにおかしい整数となるはずである）．ファイル名はtest4-6.

```
C:¥exam>test4-6
変数に代入した値は0.000000と1074528256です
```

π＝3.141592653589793238462643383279502 88とする（小数点以下30桁）．この値を変数に代入して画面に表示するプログラムを作成せよ．ファイル名はtest4-7.

```
C:¥exam>test4-7
πの値は3.141592653589793100000000000000です
```

※コンピュータでは，扱える桁数に限りがあることを実感してほしい．

第5章 プログラム文における演算

本章ではコンピュータプログラム文における演算について学習する．四則演算および四則演算以外の演算方法に触れ，コンピュータプログラムによる演算の方法について理解を深める．

5.1 コンピュータプログラムにおける演算式

われわれは1+1=2というような演算式を記述するのが一般的である．また，$2x+1=5x-8$という一次方程式においても，移項という方法を用いて整理してxの値を算出する．しかしながら，コンピュータプログラム文における演算はわれわれが行う演算とは少し異なる．イコールの記号やプラスのような算術演算子を用いる点では同じであるが，決定的に異なることがある．それはイコールの右辺に演算式を記述して，イコールの左側に演算の答えが入る点である．つまり，簡単に言えば1+1=2ではなく2=1+1という式で記述しなければならないことになる．

そして**表5.1.1**のように，プログラムでは算術演算子の記号についてもわれわれが用いる記号と異なるものやプログラム文特有のものがある．

表5.1.1　算術演算子の種類

演算	人が用いる記号	C言語プログラムでの記号
加算	＋	＋
減算	−	-
乗算	×	*（アスタリスク）
除算	÷	/（スラッシュ）
剰余	なし	%（パーセント）
累乗	指数表示	なし
乗根	√	なし

加算と減算はわれわれが用いる記号と同一であるが，乗算と除算は異なるので注意しなければならない．また，プログラム文では剰余を算出する演算子があることや（例えば1=5%2となる），累乗計算に関しては，例えば，Microsoft社のExcel等のソフトでは「^（ハット記号あるいはキャレット記号と呼ぶ）」を使用できるが，C言語では直接的な記号が存在しないので，乗算を繰り返すか，あるいは関数pow()を用いる（関数については後で述べる）．同じように乗根についても平方根ならばsqrt()という専用の関数があり，3乗根等の他の乗根はpow()の関数を用いる．

exam5-1-1：1と2の加算および減算を行い，その演算結果を画面に表示する．

プログラム作成の構想：exam5-1-1

コンピュータプログラム特有の演算式を学習してみよう．「=（イコール）」の左辺と右辺に注目してプログラムを記述してほしい．

プログラムソースファイルの作成：exam5-1-1

```
1  #include<stdio.h>
2  main()
3  {
4          int kasan,gensan;
5
6          kasan = 1 + 2;
7          gensan = 1 - 2;
8
9          printf("1と2の加算の結果は%dで1と2の減算の結果は%dです",kasan,gensan);
10 }
```

プログラム文の解説：exam5-1-1

本章以降，プログラム文をわかりやすくするために，変数の作成，演算（処理），結果の表示それぞれに改行を入れることで分けて表示する．

4行目：1と2の加算，1と2の減算の演算結果を入れるための変数をそれぞれ作成する．

6行目：1と2の加算を行い（右辺），その演算結果が変数kasan（左辺）に代入されるようにする．「=」の前後のスペースと「+」の前後のスペースは読者の方が見やすくなるように入れているもので，なくても構わない．

7行目：加算と同じように，1と2の減算を行って演算結果が変数gensanに代入されるようにする．

9行目：それぞれの演算結果を画面に表示する．

プログラムの実行：exam5-1-1

```
C:¥myprogram>exam5-1-1
1と2の加算の結果は3で1と2の減算の結果は-1です
```

図5.1.1　exam5-1-1の実行結果

このようにプログラム文では「=」の右辺で演算を行い，左辺にその演算結果が代入される決まりになっている．コンピュータのソフトを使用する際にも，それがプログラミングでなくとも何となくそれがわかることがある．例えば，表計算ソフトMicrosoft Excelで数式を記述する時，初めに「=」を記述することをご存知だろうか．Excelでは初めに「=」を記述して数式を記述する（=1+2のように）．これゆえExcelはコンピュータプログラムにおける数式の規則に従っていることがわかる．ちなみに「=」の左辺で演算を行ってみようとするならば（exam5-1-1の6行目の式をkasan + 1 = 1 + 2に変えてみる），**図5.1.2**のようなエラーメッセージが出てしまう．

```
C:¥myprogram>cl exam5-1-1.c
Microsoft(R) C/C++ Optimizing Compiler Version 18.00.31101 for x86
Copyright (C) Microsoft Corporation.  All rights reserved.

exam5-1-1.c
exam5-1-1.c(6) : error C2106: '=' : 左のオペランドが、左辺値になっていません。
```

図5.1.2　演算のエラー

このエラーでわかるように，「=」の左辺で計算はできないと覚えておくと良い．そして，プログラム文においては，数字による数式を直接記述することによって演算可能である．ただし，演算結果を代入するための変数が必要になるので，演算を行う場合は答えを入れる変数を準備しなければならない．また，本プログラムでは数字によって演算を行ったが，次の例題で変数においても演算が可能であることを確認してほしい．

exam5-1-2：exam5-1-1のプログラムを変数の演算を用いて行う．

プログラム作成の構想：exam5-1-2

プログラムでは数字による演算も可能であるが，それが変数に変わっても演算可能であるので，exam5-1-1の演算を変数に置き換えてみる．

プログラムソースファイルの作成：exam5-1-2

```
 1 #include<stdio.h>
 2 main()
 3 {
 4         int a = 1, b = 2;
 5         int kasan,gensan;
 6 
 7         kasan = a + b;
 8         gensan = a - b;
 9 
10         printf("1と2の加算の結果は%dで1と2の減算の結果は%dです",kasan,gensan);
11 }
```

プログラム文の解説：exam5-1-2

4行目：exam5-1-1のプログラムにおける1と2を変数に入れる．

7と8行目：exam5-1-1の演算を数字ではなく，変数同士によって行う．

プログラムの実行：exam5-1-2 (exam5-1-1と同じ)

```
C:¥myprogram>exam5-1-2
1と2の加算の結果は3で1と2の減算の結果は-1です
```

図5.1.3 exam5-1-2の実行結果

このプログラムでわかるように，数字を代入した変数を使っても演算できることがわかる．数字同士の演算と変数同士の演算に加えて，もちろん変数と数字両方が入り混じった式でも演算可能である．

exam5-1-3：5×2および5÷2の結果を，数字を数式内に記述した場合と5および2を変数に代入した変数演算で行った場合の2通りを表示する．

プログラム作成の構想：exam5-1-3

5×2と5÷2の演算結果を，数字による演算式に加えて5と2を代入した変数による演算式によっても算出しなければならないので，計4つの答えを入れる4つの変数と5および2を代入する2つの変数が必要だと考える．前章で述べたように変数の作成は，まとめて最初に行うよう心がけよう．

プログラムソースファイルの作成：exam5-1-3

```
1  #include<stdio.h>
2  main()
3  {
4          int jousan1,jousan2;
5          double josan1,josan2;
6          int a = 5, b = 2;
7
8          jousan1 = 5 * 2;
9          josan1 = 5 / 2;
10         jousan2 = a * b;
11         josan2 = a / b;
12
13         printf("数字の数式の結果は5×2=%dで5÷2=%fです¥n",jousan1,josan1);
14         printf("変数の数式の結果は%d×%d=%dで%d÷%d=%fです",a,b,jousan2,a,b,josan2);
15 }
```

プログラム文の解説：exam5-1-3

4行目：乗算の結果が代入される2つの変数を作成する．

5行目：除算の結果が代入される2つの変数を作成する．このとき，何気なくintとしてしまいがちだが，割り算の演算結果は小数になる可能性があるので，データ型を小数型にすることを忘れないでほしい．演算において，特に除算がある場合は要注意である．

6行目：変数での演算も行うので，5および2を変数に代入した変数を作成する．

8~9行目：数字による乗算および除算式を記述する．

10～11行目：変数による乗算および除算式を記述する．

13行目：8～9行目の演算結果を画面に表示する．除算式の演算結果を表示する変換指定子は%dではなく小数になるので%fとなる．これも忘れてしまいがちなので注意してほしい．

14行目：10～11行目の演算結果を画面に表示する．13行目と14行目については，見本では2行に分けて記述したが1行でも記述可能である．

プログラムの実行：exam5-1-3

```
C:¥myprogram>exam5-1-3
数字の数式の結果は5×2=10で5÷2=2.000000です
変数の数式の結果は5×2=10で5÷2=2.000000です
```

図5.1.4　exam5-1-3の実行結果

数字および変数の数式の結果両方で，乗算に関しては正しい結果が表示されたが，除算の結果は2.0となり正しい結果が表示されなかった．数式は正しくても，なぜ2.5という結果にならなかったのであろうか．次節で詳しく解説する．

5.2　C言語における演算式の規則

前節の最後のプログラム（exam5-1-3）において，除算の結果のみ正しい答えが表示されなかった．誤った結果が表示された理由はC言語プログラミング特有の演算式についての規則による．C言語プログラミングの計算においては，整数と整数の演算結果は必ず整数となり，整数と小数の演算結果は小数，小数と小数の演算結果は小数になる決まりがある．そのため，exam5-1-3における演算式のjosan1=5 / 2の5（整数）と2（整数）の演算では整数同士の演算になるので，2.5になるはずが小数点以下の0.5が切り捨てられて2とされてしまうのである．また，変数による演算式のjosan2=a/bもこれと同様に，変数aとbのデータ型が整数型（int）であるため，整数同士の演算を行っていることになり2.5になるはずが2とされた．演算結果が代入される変数josan1やjosan2を小数型(double)にしているはずと思われるであろうが，それらの変数に演算の結果が代入される以前の演算時点で切り捨てられてしまうので，このような結果になってしまったのである．

このことを回避するための策はある．例えばexam5-1-3の9行目と11行目を次のプログラムに変えてみてほしい．

exam5-2-1：exam5-1-3のプログラム文中の除算による切り捨てを回避する．

プログラム作成の構想：exam5-2-1

特に除算において，C言語プログラム特有の演算の法則が働いてしまうので，これをうまく避けるための方法を学習しよう．

プログラムソースファイルの作成：exam5-2-1（8～11行目のみ抜粋）

```
8         jousan1 = 5 * 2;
9         josan1 = 5.0 / 2;
10        jousan2 = a * b;
11        josan2 = (double)a / b;
```

プログラム文の解説：exam5-2-1

9行目：5/2の式を5.0/2に変える．つまり，5/2は整数同士の演算となるが，5.0/2とすると小数と整数の演算とみなされる．したがって，5を5.0に変えることによって演算結果を小数にできる．もちろん，整数同士の演算に小数を持ち込めば良いので，2を2.0に変えても構わない．また，5.0/2.0と小数同士の演算にしても同じ結果を生み出すことができる．

11行目：この行の式は変数同士の演算であるので，さすがに9行目のように変数に「.0」をつけることはできない．このような場合には，C言語プログラム特有のデータ型のキャストという作業を行う．プログラム文のように，変数の直前にカッコでくくったデータ型(double)を記述することによって，本演算においてはこの変数を小数型として扱うという意味になる．データ型のキャストを行うことによって整数同士の演算を小数と整数の演算にするわけである．もちろん，プログラム文のように(double)は変数aにつけなくても，変数bにつけても構わない[1]．とにかく，演算に小数型を持ち込めば良いのである．データ型のキャストは変数に対してだけでなく数字に対しても行うことが可能だが，数字に対しては9行目のように「.0」をつけた方がわかりやすく簡単である．

1）(double)(a/b)のように，カッコの外に記述するとキャストしていても効力がない．

プログラムの実行：exam5-2-1

```
C:¥myprogram>exam5-2-1
数字の数式の結果は5×2=10で5÷2=2.500000です
変数の数式の結果は5×2=10で5÷2=2.500000です
```

図5.2.1　exam5-2-1の実行結果

除算の切り捨てに対処することによって，正しい結果を表示することができた．加算，減算，乗算については注意を払わなくても問題ないが，除算がプログラム文内にある場合には次の3点に必ず注意を配ってほしい．

1. 除算の演算結果が入る変数のデータ型を小数型にする．
2. 切り捨てが発生していないか確認する．
3. 結果を画面に表示する際には，%dではなく%fにする．

exam5-2-2：$\frac{1}{5}+\frac{2}{5}+\frac{3}{5}$の結果を算出する．

プログラム作成の構想：exam5-2-2

除算なので切り捨ての発生に注意して演算式を記述する．

プログラムソースファイルの作成：exam5-2-2

```
 1 #include<stdio.h>
 2 main()
 3 {
 4         int bunsi1 = 1;
 5         int bunsi2 = 2;
 6         int bunsi3 = 3;
 7         int bunbo = 5;
 8         double kotae;
 9 
10         kotae = (double)bunsi1 / bunbo + (double)bunsi2 / bunbo + (double)bunsi3 / bunbo;
11 
12         printf("1/5+2/5+3/5=%fです。",kotae);
13 }
```

プログラム文の解説：exam5-2-2

4行目～7行目：分数演算の数字（分母と分子）を変数に代入する（数字を代入した変数の演算をせず，10行目で直接，数字による演算をしても構わない）．

8行目：演算結果を入れる変数を作成する．

10行目：分数の演算を行う．ここで注意してほしいのは，exam5-2-1で解説した切り捨てが起こらないようにすることである．ただし，データ型のキャストを3カ所に行わなければならない．なぜならプログラムの演算においても，加算と減算より乗算と除算が優先されるからである．つまり，初めの1/5に対してのみ切り捨てが起こらないようにしても，その後，2/5，3/5が演算されるために，それらも整数同士の演算となり切り捨てが生じてしまうからである．

12行目：演算結果を表示する．

プログラムの実行：exam5-2-2

```
C:¥myprogram>exam5-2-2
1/5+2/5+3/5=1.200000です。
```

図5.2.2　exam5-2-2の実行結果

このプログラムのように，整数同士の演算において切り捨てが発生するという規則を，演算式の演算の順序によっても考慮しなければいけないことを心にとめておくことが必要である.

5.3 C言語における四則演算以外の演算と関数の利用

四則演算については前節までの学習で理解できたと思うので，その他の演算，例えば剰余，累乗演算，累乗根，さらには三角関数（正弦と余弦）について学習してみよう.

exam5-3-1：5÷2の余りおよび13÷5の余りを算出する.

プログラム作成の構想：exam5-3-1

演算式を工夫すれば剰余を算出できるが，プログラムでは剰余の演算子%があるので，これを用いた演算式を記述してみよう.

プログラムソースファイルの作成：exam5-3-1

```
 1 #include<stdio.h>
 2 main()
 3 {
 4         int amari1,amari2;
 5 
 6         amari1 = 5 % 2;
 7         amari2 = 13 % 5;
 8 
 9         printf("5÷2の余りは%dで13÷5の余りは%dです",amari1,amari2);
10 }
```

プログラム文の解説：exam5-3-1

4行目：演算結果を代入する変数を2つ作成する.

6行目と7行目：剰余を算出する演算子%を用いて剰余を算出する. 例えば5÷2を行った場合，商2余り1となるが，%は商ではなく余りの1を算出する演算子である.

9行目：演算結果を表示する.

プログラムの実行：exam5-3-1

```
C:¥myprogram>exam5-3-1
5÷2の余りは1で13÷5の余りは3です
```

図5.3.1　exam5-3-1の実行結果

剰余というのはあまりなじみがないが，プログラム文では剰余を算出できる演算子があることを覚えておくと良い.

exam5-3-2：5^3と$\sqrt{2}$を算出する．

プログラム作成の構想：exam5-3-2

C言語プログラムにおいて累乗を行う演算子は存在しない．したがって，同じ数を複数回乗算するか，あるいは数学関数という関数を用いる必要がある．また，平方根についても数学関数を用いなければならない．

プログラムソースファイルの作成：exam5-3-2

```
1  #include<stdio.h>
2  #include<math.h>
3  main()
4  {
5          int ruijou1,ruijou2;
6          double heihoukon1,heihoukon2;
7
8          ruijou1 = 5 * 5 * 5;
9          ruijou2 = pow(5,3);
10         heihoukon1 = pow(2,1.0/2);
11         heihoukon2 = sqrt(2);
12
13         printf("演算結果は上から順に%d、%d、%f、%fです",ruijou1,ruijou2,heihoukon1,heihoukon2);
14 }
```

プログラム文の解説：exam5-3-2

1～2行目：本プログラムでは累乗と平方根を算出するために，数学関数と呼ばれるものを用いる．関数については第11章で詳しく解説するので，現時点では数学関数を用いる場合は，math.hというファイルのインクルード文も併せて記述しなければならない（2行のインクルード文）と覚えておくだけで良い．

5～6行目：累乗と平方根をそれぞれ2通りの演算方法を用いて算出するので，その演算結果を入れる変数を2つずつ作成する．平方根は小数となるので，データ型をdoubleとする必要がある．

8行目：述べたように，C言語では累乗を行う算術演算子が存在しないので，最も簡単な方法は同じ数字を複数回乗算することである．

9行目：pow()という数学関数を用いて累乗を算出する．pow(a,b)でaのb乗を算出できる．ただし，aとb，加えて演算結果はdouble型となる．すなわち，本プログラムではpow(5,3)のように整数を記述したが，本来の記述方法で言うならばpow(5.0,3.0)と記述した方がより正しい記述である．また，演算結果を代入する変数ruijou2のデータ型をintとしたが，結果はdouble型で演算される．しかし，5の3乗は整数なのでintとしたことを補足しておきたい．2行目の#include<math.h>の文がないと，数学関数pow()を使用できないので注意してほしい．

10行目：累乗を算出するpow()を用いて平方根を算出する．pow()に用いる数字がなぜdouble型であるかをこの式で理解できると思う．つまり，2の平方根は2の1/2乗であることを利用している．ただし，1/2としてしまうと整数同士の計算となるので，切り捨てられて0となってしまうことに注意しなければならない．このようにpow()を用いて平方根も算出可能で，3乗根や4乗根も算出可能である．

11行目：コンピュータプログラムにおいては平方根を算出する場合が多いので，sqrt()という平方根のみを算出する数学関数があり，sqrt(a)でaの平方根を算出できる．この

sqrt() も本来double型なので，sqrt(2.0)がより正しい記述方法であろう．pow() と同様にsqrt() も2行目のmath.hのインクルード文がなければ使うことができない．

プログラムの実行：exam5-3-2

```
C:¥myprogram>exam5-3-2
演算結果は上から順に125、125、1.414214、1.414214です
```

図5.3.2　exam5-3-2の実行結果

数学関数を用いる場合に最も忘れやすいのが，math.hのインクルード文を書くことである．数学関数とインクルード文をセットで覚えておくと良い．

exam 5-3-3：角度30°の正弦および余弦を算出する．π（円周率）は3.1415926535とする．

プログラム作成の構想：exam5-3-3

C言語プログラムでは，累乗や平方根を算出できる関数以外にも様々な関数がある．代表的な関数である三角関数のsin() とcos() を使用してみることとする．

プログラムソースファイルの作成：exam5-3-3

```
1  #include<stdio.h>
2  #include<math.h>
3  main()
4  {
5          double seigen,yogen,radian;
6          double pi = 3.1415926535;
7  
8          radian = 30 * pi / 180;
9          seigen = sin(radian);
10         yogen = cos(radian);
11 
12         printf("30° の正弦は%.10fで余弦は%.10fです",seigen,yogen);
13 }
```

プログラム文の解説：exam5-3-3

1～2行目：三角関数の正弦と余弦を求めるには，数学関数を用いる必要がある．したがって，exam5-3-2と同様にmath.hをインクルードしなければならない．

5行目：正弦と余弦の値を代入する変数を2つ作成する．加えてC言語における正弦と余弦の値を算出する関数は「°」ではなく，弧度法の単位であるradian（rad）で記述しなければならないため，30°をradian換算したものを代入する変数を作成しておく．

6行目：演算式内に直接πの数値を記述しても良いが，あらかじめ変数に代入しておくことにする．1回のみそれを使うような場合や，πを3.14とするような場合ならば問題ないが，本プログラムのように桁数が多くなり，かつπの値を何度も使わなければならないようなプログラムになると（ある半径の円の面積と円周，球の体積と表面積を算出するプログラムを作成しなければならないとすると何回πの数値を使わなければならないだろうか），数値を演算式内に記述することがプログラムを煩雑にし，かつミスを誘発する要因

となるので変数に入れた方が良い．ちなみにギリシャ文字のπは全角文字なので変数名には使用できない．

8行目：30°をradian単位に変換する．180° = π radとなる．除算が含まれるが，演算式内にすでに小数が含まれているので切り捨ては発生しない．

9行目：正弦値を算出する関数sin() を使用する．sin(a) でa (radian単位) の正弦値を算出する．

10行目：余弦値を算出する関数はcos() である．使用法はsin() と同様である．

12行目：演算結果を表示する．πの小数点以下の桁数が10桁なので表示桁数も10桁にする．

プログラムの実行：exam5-3-3

```
C:¥myprogram>exam5-3-3
30° の正弦は0.5000000000で余弦は0.8660254038です
```

図5.3.3 exam5-3-3の実行結果

三角関数を用いる際は，角度をradian単位にしなければならないことを覚えておくと良い．

5.4 演習問題

底辺5高さ3の三角形の面積を算出するプログラムを作成せよ．ファイル名はtest5-1.

```
C:¥exam>test5-1
底辺5高さ3の三角形の面積は7.5です
```

次の5つのデータがある．65,59,71,81,77．これらのデータの合計と平均を算出するプログラムを作成せよ．ファイル名はtest5-2.

```
C:¥exam>test5-2
これらのデータの合計は353で平均は70.600000です
```

男子のトッププロゴルファーのゴルフボールの飛距離はおおよそ300ヤード (yard) 以上という．300ヤードは何メートル (m) かを算出するプログラムを作成せよ．1ヤード=3600/3937メートルである．ファイル名はtest5-3.

```
C:¥exam>test5-3
300ヤードは274.320549mです
```

半径5の球の表面積と体積を算出するプログラムを作成せよ．半径rの球の表面積Sは$S=4\pi r^2$であり，体積Vは$V=\frac{4}{3}\pi r^3$となる．$\pi=3.141592$とする．ファイル名はtest5-4.

```
C:¥exam>test5-4
半径5の球の表面積は314.159200で体積は523.598667です
```

Q 5-5

並列回路の電気抵抗をr_1, r_2, r_3, r_4とするならば，それらの抵抗の総和である合成抵抗Rは次式で表される．$\frac{1}{R}=\frac{1}{r_1}+\frac{1}{r_2}+\frac{1}{r_3}+\frac{1}{r_4}$．$r_1=5, r_2=6, r_3=7, r_4=8$とするならば合成抵抗$R$がいくらになるか算出するプログラムを作成せよ．ファイル名はtest5-5.

```
C:¥exam>test5-5
合成抵抗Rは1.575985です
```

Q 5-6

高次関数式$y=x^4-2x^2-2$において，x座標が3の時のy座標の値を算出するプログラムをpow() 関数を用いて作成せよ．ファイル名はtest5-6.

```
C:¥exam>test5-6
x座標が3の時のy座標の値は61です
```

Q 5-7

点A（1,5）と点B（3,3）の距離を算出するプログラムを作成せよ．点A（x_1,y_1）と点B（x_2,y_2）とするならば，点Aと点Bの距離dは次の式で算出される．
$d=\sqrt{(x_2-x_1)^2+(y_2-y_1)^2}$．ファイル名はtest5-7.

```
C:¥exam>test5-7
点1,5と点3,3の距離は2.828427です
```

Q 5-8

三角形の2辺をaおよびbとし，それらの辺に挟まれた挟角をθとするならば，その三角形の面積Sは$S=\frac{1}{2}ab\sin\theta$で算出される．$a$の長さ5，$b$の長さ4，それらの挟角が70度の三角形の面積を算出するプログラムを作成せよ．π =3.1415926535として，小数点以下表示桁数を10桁とする．ファイル名はtest5-8.


```
C:¥exam>test5-8
a=5、b=4で挟角が70度の三角形の面積は9.3969262077です
```

Q 5-9

対数には底の変換と呼ばれる次式が成り立つ．$log_a x=\frac{log_b x}{log_b a}$．このことから，以下が成り立つ．$log_{10} x=\frac{log_e x}{log_e 10}$（$e$は自然対数）．$x$=5のとき，左辺の値を算出すると同時に，右辺の値も算出することによって，両辺が一致することを示すプログラムを作成せよ．底が10の対数の値を算出できる関数はlog10()，底が自然対数の場合はlog()という関数を用いる．これらの関数を用いる場合にもmath.h文をインクルードしなければならない．ファイル名はtest5-9.

```
C:¥exam>test5-9
等式の左辺は0.698970で、右辺は0.698970です
```

Q 5-10

10÷3の余りは1である．剰余を算出する演算子%を用いずに，10÷3の余りを算出するプログラムを作成せよ．ファイル名はtest5-10.

ヒント 10÷3をプログラムで演算すると3.333333…となり，これを整数型にすると商となる．

```
C:¥exam>test5-10
10÷3の余りは1です
```

第6章 対話型プログラムとコンピュータプログラム特有の考え方

本章では，より汎用性のあるプログラムの実現を目指して，対話型プログラムと呼ばれるプログラムの作成に挑戦する．また，コンピュータプログラム特有の考え方についても触れ，より実際的なプログラムを作成する力を養う．

6.1 対話型プログラム

これまで学習してきたプログラムを汎用性という視点から考えてみよう．例えば，長さが縦5，横4の長方形の面積を算出するプログラムがある．このプログラムは縦5，かつ横4（縦4，横5でも構わない）の時の長方形の面積を算出できるプログラムであり，縦10，横5の時の長方形の面積を算出できない．これと同様に，前章の最後に作成したexam5-3-3のプログラムは角度30°の正弦と余弦を算出するプログラムであり，他の角度の正弦と余弦を算出することはできない．これらのことから，これまで作成してきたプログラムは汎用性の面から言えば，十分なプログラムであるとは決して言えないであろう．例えば電卓をイメージするとわかると思うが，どんな数値でも答えが出せるならば汎用性があることになる．同じように，長方形の2辺がどんな長さであっても面積を算出できるプログラム，あるいはどんな角度であっても正弦と余弦を算出できるプログラムであるならば，汎用性があり，かつ，より実用的なプログラムであると言える．

汎用性のあるプログラムを作成するためには対話型プログラムを作成すれば良い．対話型プログラムとは，プログラムを実行した時に，プログラム側からの提示→それに対するユーザーからの提示→ユーザーの提示に対するプログラム側の結果の提示というようなプログラムを言う．まるでユーザーがプログラムと対話しているような形になっていることから対話型プログラムと言うが，それを実現するには，scanf() という新しい命令を用いなければならない．

scanf() の書式は，

```
scanf(“変換指定子”,&変数名)
```

となる．

exam6-1-1：対話型プログラムを作成する．

プログラム作成の構想：exam6-1-1

新しい命令scanf() を用いるプログラムを作成してみよう．

プログラムソースファイルの作成：exam6-1-1

```
1 #include<stdio.h>
2 main()
3 {
4         int nyuuryoku;
5
6         scanf("%d",&nyuuryoku);
7
8         printf("入力値は%dです",nyuuryoku);
9 }
```

プログラム文の解説：exam6-1-1

4行目：変数を1つ作成する.

6行目：scanf() という新しい命令を使用する. printf() と書式が似ているが, 変数の前に「&(アンパサンド)」の記号を加えなければならない. なぜこの記号を加えなければならないかを解説するためには, ポインタとアドレスという分野についての知識が必要なので, scanf() では変数名に&を加えなければならないと覚えておくだけで良い. ただし, これは重要であるが, &の記述を忘れてもコンパイルエラーが出ずに実行結果だけがなぜかおかしいという状況になってしまう. 記述することを忘れてはならないことだけは覚えておいてほしい.

8行目：変数の値を画面に表示する.

scanf() の命令については, あえて現時点では解説を避け, 詳しくはコンパイル後, プログラムの実行の時に説明したい.

プログラムの実行：exam6-1-1

```
C:¥myprogram>exam6-1-1
_
```

図6.1.1　exam6-1-1の実行

プログラムを実行してもカーソルが点滅するだけで何も起こらない. ここでキーボードから数字を入力してみてほしい (整数を入力後, Enter キーを押す). そうすると, 以下のようになるはずである.

プログラムの実行：exam6-1-1 (整数10の入力後)

```
C:¥myprogram>exam6-1-1
10
入力値は10です
```

図6.1.2　exam6-1-1の実行結果

キーボードから数字を入力してみてわかると思うが, scanf() という命令は, プログラムを実行した時に指定した変数にキーボードから値を入力できる命令である. つまり, プログラム実行時にカーソルが点滅していたのは, scanf() という命令がキーボードからの入力を待っている状態であり, 入力後, 次の処理に移行して printf() が実行され「入力値は10です」と画面に表示されたことになる. しかし, プログラムを実行した時にカーソルが点滅しているだけの状態では，プログラムの実行者が何をしていいかわからないので，次のようなプログラム文にするのが良いプログラムであると言える．

exam6-1-2：exam6-1-1のプログラムを実行した時に，何をするかなるべくわかりやすいプログラムにする．

プログラム作成の構想：exam6-1-2

プログラムを実行した時に，何をすれば良いかを画面に表示する必要があるだろう．

プログラムソースファイルの作成：exam6-1-2（exam6-1-1の一部変更）

```
1  #include<stdio.h>
2  main()
3  {
4          int nyuuryoku;
5  
6          printf("整数を入力して下さい");
7          scanf("%d",&nyuuryoku);
8  
9          printf("入力値は%dです",nyuuryoku);
10 }
```

プログラム文の解説：exam6-1-2

6行目：exam6-1-1にはなかったprintf() 文を7行目のscanf() 文の前に加える．つまり，scanf() 文が実行される前に，何をすれば良いかについてのメッセージを表示しておくということである．画面に表示しておくことで，よりわかりやすいプログラムになる．

プログラムの実行：exam6-1-2

1．キーボードから入力する前

```
C:¥myprogram>exam6-1-2
整数を入力して下さい
```

図6.1.3　exam6-1-2の実行

2．キーボードから入力した後

```
C:¥myprogram>exam6-1-2
整数を入力して下さい10
入力値は10です
```

図6.1.4　exam6-1-2の実行結果

scanf() の命令を用いることによって，プログラムからの提示→ユーザーからの提示（入力）→プログラムの実行と結果の提示という対話型のプログラムを実現できることとなる．また，プログラムの汎用性という面においても，プログラムを実行した時に入力する値を変えうることから，加算を行うプログラムであればどんな数字の加算も可能になり，より汎用性のあるプログラムを実現できる．

6.2 scanf()の変換指定子と書式

printf() で変数の値を画面に表示する変換指定子は，整数が%d，小数が%f，文字が%cであるが，scanf() において変数に値を入力するための変換指定子は**表6.2.1**のとおりである．整数と文字の変換指定子はprintf() と同一であるが，小数のみ%lf（lは小文字のエル）でprintf() の変換指定子とは異なるので注意しなければならない[1]．

表6.2.1 scanf()の変換指定子の種類

%d	整数の入力
%lf	小数の入力
%c	文字の入力

printf() の命令では，1つのprintf() 内において複数の変数の値を表示することが可能である．同じようにscanf() でも複数の変数に値の入力が可能である．しかし，1つのscanf() で複数の変数に入力することは，どちらかと言えば不親切なプログラムなので避けた方が良い．次の例で確認してみよう．

exam6-2-1：1つのscanf() を用いて複数の変数に値を入力する．

プログラム作成の構想：exam6-2-1

printf() のように1つの命令で複数の変数に値を入力することも可能である．ただし，述べたようにprintf() と同様に用いても，良いプログラムになるとは言い難い。

プログラムソースファイルの作成：exam6-2-1

```
 1 #include<stdio.h>
 2 main()
 3 {
 4         int nyuuryoku1,nyuuryoku2;
 5 
 6         printf("2つの整数を入力して下さい");
 7         scanf("%d%d",&nyuuryoku1,&nyuuryoku2);
 8 
 9         printf("%dと%d",nyuuryoku1,nyuuryoku2);
10 }
```

プログラム文の解説：exam6-2-1

4行目：値を代入する2つの変数を作成する．

6行目：プログラム実行時に何をするかのメッセージを画面に表示する．

7行目：scanf() を用いて2つの変数にキーボードから入力する．基本的にprintf() と書式が同じなので，一番初めの%dは変数nyuuryoku1の変換指定子を指し，次の%dが2つ目のnyuuryoku2の変換指定子となる（左から順に対応）．&の記述を忘れないように．

9行目：入力した値を画面に表示する．

1) 厳密には%fはfloat型に対応し，%lfはdouble型に対応しているが，printf() の命令ではfloat型からdouble型への自動変換が行われるために%lfという変換指定子には対応していなかった．現在ではprintf() において%lfを用いても正しく表示されるコンパイラは多いが，C++言語では正しく表示されない可能性がある．

プログラムの実行：exam6-2-1

1.キーボードから入力前

```
C:¥myprogram>exam6-2-1
2つの整数を入力して下さい
```

図6.2.1　exam6-2-1の実行

2. 1つ目の値を入力後

```
C:¥myprogram>exam6-2-1
2つの整数を入力して下さい5
_
```

図6.2.2　exam6-2-1の実行の途中

3. 2つ目の値を入力後

```
C:¥myprogram>exam6-2-1
2つの整数を入力して下さい5
10
5と10
```

図6.2.3　exam6-2-1の実行結果

プログラムを実行するとわかるが，1つ目の値を入力した後，カーソルが点滅しているだけの状態で，2つ目の値を入力しなければならない．これは不親切なプログラムであり，もっとプログラムの実行者に配慮するような次のプログラムの方が良い．

exam6-2-2：exam6-2-1のプログラムをよりユーザーに配慮したプログラムに改変する．

プログラムの作成の構想：exam6-2-2

入力する度に何をすれば良いかを提示すると，親切なプログラムと言える．したがって，何をしたら良いかをその都度表示するプログラムにする。

プログラムソースファイルの作成：exam6-2-2

```
 1 #include<stdio.h>
 2 main()
 3 {
 4         int nyuuryoku1,nyuuryoku2;
 5 
 6         printf("2つの整数を入力します¥n1つめの整数の入力");
 7         scanf("%d",&nyuuryoku1);
 8         printf("2つめの整数の入力");
 9         scanf("%d",&nyuuryoku2);
10 
11         printf("%dと%d",nyuuryoku1,nyuuryoku2);
12 }
```

プログラム文の解説：exam6-2-2

6行目：画面に何をするか表示し，1回目の入力を指示する．

7行目：1回目の入力を行う．

8行目：2回目の入力を指示する．

9行目：2回目の入力を行う．

プログラムの実行：exam6-2-2（値を2回入力した後）

```
C:¥myprogram>exam6-2-2
2つの整数を入力します
1つめの整数の入力5
2つめの整数の入力10
5と10
```

図6.2.4 exam6-2-2の実行結果

プログラムを実行するユーザーにとって，よりわかりやすいプログラムはexam6-2-1ではなく，exam6-2-2のプログラムである．このように，プログラムを作成する場合は自分だけがわかれば良いという立場に立つよりも，自分以外の人の立場に立ち，より親切なプログラミングを心掛けるべきである．

6.3 順次処理とデバッグ

プログラムを作成することにおいては，ある問題を解決するために（例えば，加算の結果を知りたいというような問題を解決するために），処理の手順や内容を決めていく作業が必要である．特にコンピュータプログラムでは，問題を解決するためのプログラムの手順をアルゴリズムあるいは手続きと言う．しかし，プログラムの作成者がアルゴリズムを自由に決めて良いわけではなく，考慮に入れなければならない最低限のプログラム文の基本構造をふまえた上で，アルゴリズムを作成しなければならない．その基本構造は3つあり，順次処理，分岐処理，反復処理と言う．これらはプログラミングを行うにあたって重要な文の構造である．プログラムは冗長のないようできるだけ効率的に作成されるべきであるという考えから，ダイクストラ（Dijkstra E.W.）は，コンピュータプログラムはこの3つのアルゴリズムのみから構成されるべきであるという構造化プログラミングの考えを提唱している．

本節ではこれら3つの処理のうち，順次処理という文の構造に焦点をあてる．順次処理とは文字どおり，プログラムは順に処理されていく法則である．つまり，プログラム文は左から順に，かつ上から順に処理されていく決まりのことであるが，プログラムを1度学習した人でも，順次処理が完璧に身についていないことが多い．これからいくつかの誤りの例を提示する．これらの誤ったプログラムの間違い（バグ）を見つけて，正しいプログラムに修正する作業をしてほしい．この作業はデバッグと言い，プログラミングを行う上で重要な作業の1つであり，プログラミング能力の向上につながる．提示するプログラムが順次処理に従って，正しいかどうかを判断して，プログラムとしておかしい部分を見つけてほしい（順次処理以外の誤りもあえて入れているので，併せてそれらも見つけてほしい）．

exam 6-3-1：任意に2つの対角線の値(整数)を入力して，ひし型の面積を算出する[2].

プログラム作成の構想：exam6-3-1

以下に誤ったプログラムを提示するので，自身で誤りを見つけてみよう.

プログラムソースファイルの作成：exam6-3-1 (誤っているプログラム)

```
 1 #include<stdio.h>
 2 main()
 3 {
 4         int taikaku1,taikaku2,menseki;
 5 
 6         menseki = taikaku1 * taikaku2 / 2;
 7 
 8         printf("ひし形の面積を算出します¥n対角線1つめの値の入力");
 9         scanf("%d",&taikaku1);
10         printf("対角線2つめの値の入力");
11         scanf("%d",&taikaku2);
12 
13         printf("対角線%dと%dのひし形の面積は%dです",taikaku1,taikaku2,menseki);
14 }
```

プログラム文の解説：exam6-3-1

4行目：2つの対角線およびひし形の面積を代入する変数を作成する.

6行目：ひし形の面積を算出する.

8～11行目：2つの対角線を入力する.

13行目：結果を表示する.

プログラムの実行：exam6-3-1

```
C:¥myprogram>exam6-3-1
ひし形の面積を算出します
対角線1つめの値の入力7
対角線2つめの値の入力3
対角線7と3のひし形の面積は793475100です
```

図6.3.1　exam6-3-1の実行結果

面積は10.5でなければならないので，明らかにこの結果はおかしい．また，コンパイル時に次のような警告（warning）が出たと思う.「初期化されていない変数‘taikaku1’が使用されます」（taikaku2についても同じ警告が出ているはずである)．なぜコンパイル時に警告が出て，誤った結果が表示されたかわかるだろうか(解説を読む前に自ら考えてみてほしい).

まず，このプログラムは順次処理の法則を無視したプログラムである．プログラムの基本法則は順に処理されるのであるから，正しいのは，2つの対角線の値があって，その後ひし形の面積を計算して，結果を表示する順序である．しかし，プログラムソースファイル6行目では，対角線の値がまだわからないのに（taikaku1とtaikaku2に値が代入されていないのに）ひし形の面積を算出しようとしている．その後，対角線の値を入力して結果を表示しようとするのだから，処理の順序がおかしい．このためにコンパイラが，変数が初期化されていません（変数に値が代入されていないのに，演算を行っています）と警告を発したのである.

2）ひし形の面積は2つの対角線の積÷2で算出可能である.

この誤りに加え，他の誤りもいくつかあるので指摘しておきたい．1つは演算に除算が含まれており，演算結果は小数となるので，変数menseki のデータ型とprintf() 内の変換指定子の誤りがある．もう1つは演算がすべて整数のみで構成されているので切り捨てが発生する点である．これらの誤りをすべて加味して修正すると次のようなプログラムとなる．

exam6-3-2：exam6-3-1 をデバッグする（プログラムのバグを修正する）．

プログラム作成の構想：exam6-3-2

解説したように，順次処理を考慮して，変数の作成→変数への値の代入→演算→結果の表示という順序にプログラムを変更し，それ以外の修正も加える．

プログラムソースファイルの作成：exam6-3-2

```
1  #include<stdio.h>
2  main()
3  {
4          int taikaku1,taikaku2;
5          double menseki;
6
7          printf("ひし形の面積を算出します¥n対角線1つめの値の入力");
8          scanf("%d",&taikaku1);
9          printf("対角線2つめの値の入力");
10         scanf("%d",&taikaku2);
11
12         menseki = taikaku1 * taikaku2 / 2.0;
13
14         printf("対角線%dと%dのひし形の面積は%.1fです",taikaku1,taikaku2,menseki);
15 }
```

プログラム文の解説：exam6-3-2

5行目：変数mensekiのデータ型を小数型に変更する．

12行目：切り捨てが発生しないような処置を施す．

14行目：変数mensekiの変換指定子を小数型にし，2で除算する演算なので小数点以下の桁数を1にする．

プログラムの実行：exam6-3-2

```
C:¥myprogram>exam6-3-2
ひし形の面積を算出します
対角線1つめの値の入力7
対角線2つめの値の入力3
対角線7と3のひし形の面積は10.5です
```

図6.3.2　exam6-3-2の実行結果

exam6-3-3：任意に半径および高さ（整数）を入力して，円柱の体積を算出する（π =3.1415926535とする）．

プログラム作成の構想：exam6-3-3

以下のプログラムも誤っているので，誤りを発見してほしい．

プログラムソースファイルの作成：exam6-3-3（誤っているプログラム）

```
 1 #include<stdio.h>
 2 main()
 3 {
 4         int hankei = 2, takasa = 4;
 5         double taiseki;
 6         double pi = 3.1415926535;
 7 
 8         printf("円柱の体積を算出します¥n半径を入力して下さい");
 9         scanf("%d",&hankei);
10         printf("高さを入力して下さい");
11         scanf("%d",&takasa);
12 
13         hankei = 5;
14         takasa = 3;
15 
16         taiseki = hankei * hankei * pi * takasa;
17 
18         printf("半径%d高さ%dの円柱の体積は%.10fです",hankei,takasa,taiseki);
19 }
```

プログラム文の解説：exam6-3-3

ここまで進んでいる読者の方は，このプログラムに関しては文を1行単位で解説せずとも理解できると思うので，解説は省略したい．

プログラムの実行：exam6-3-3

```
C:¥myprogram>exam6-3-3
円柱の体積を算出します
半径を入力して下さい5
高さを入力して下さい10
半径5高さ3の円柱の体積は235.6194490125です
```

図6.3.3　exam6-3-3の実行結果

プログラムを実行した演算結果の体積の値は誤っている．なぜだろうか（exam6-3-1と同様に解説を読む前に自ら考えてみてほしい）．これも順次処理の法則をそのまま表しているプログラムであり，実行結果に直接的に関わっている文は13行目と14行目である．変数とは文字どおり変わりうる値を持つ入れ物のことであるが，変数hankeiとtakasaに注目していただきたい．4行目でhankeiに2およびtakasaに4を代入している．その後，9行目および11行目で新たにhankeiとtakasaに値をキーボードから任意に代入する．さらにその後，13行目と14行目でhankeiとtakasaにそれぞれ5と3を代入する式がある．プログラムの変数の値は順次処理の法則に従って絶えず上書きされ変わりうるものであり，4行目で代入した値はもちろん，9行目と11行目で入力した値ですらすべて上書きされ，最終的には演算の直前に代入される値，つまり13行目と14行目で代入された値が変数hankeiおよびtakasaの値になってしまう．これゆえ，scanf() で何の数字を入力しようが同じ答えが表示される（演算の前にhankeiとtakasaに5と3を代入されるのだから）．変数に何を代入しようとも順次処理によって，値は常に変わりうることを絶えず念頭に置かなければならない．したがって，次が正しいプログラム文となる．

exam6-3-4：exam6-3-3をデバッグする.

プログラム作成の構想：exam6-3-4

解説したプログラムの誤りを修正する.

プログラムソースファイルの作成：exam6-3-4

```
 1 #include<stdio.h>
 2 main()
 3 {
 4         int hankei,takasa;
 5         double taiseki;
 6         double pi = 3.1415926535;
 7 
 8         printf("円柱の体積を算出します¥n半径を入力して下さい");
 9         scanf("%d",&hankei);
10         printf("高さを入力して下さい");
11         scanf("%d",&takasa);
12 
13         taiseki = hankei * hankei * pi * takasa;
14 
15         printf("半径%d高さ%dの円柱の体積は%.10fです",hankei,takasa,taiseki);
16 }
```

プログラム文の解説：exam6-3-4

exam6-3-3における4行目の値の代入，および13行目と14行目を削除した.

プログラムの実行：exam6-3-4

```
C:¥myprogram>exam6-3-4
円柱の体積を算出します
半径を入力して下さい5
高さを入力して下さい10
半径5高さ10の円柱の体積は785.3981633750です
```

図6.3.4　exam6-3-4の実行結果

これで正しい結果を表示することができた. 次が最後のデバックの問題なので，頑張ってほしい.

exam6-3-5：次の分数演算 $\frac{b}{a}+\frac{d}{c}$ の結果を画面に表示する. ただし，a,b,c,d（すべて整数）については任意に入力するものとし，分数計算は通分を行って結果を算出するものとする（すなわち，$\frac{bc+ad}{ac}$ となる：分母をaとcの最小公倍数にすることは考えない）.

プログラム作成の構想：exam6-3-5

以下のプログラムには，筆者の経験上，初めてプログラミングを学ぶ人が起こしやすいミスをすべて盛り込んだ. プログラム文の誤りをすべて見つけてほしい（誤りを見つけることは，必ずレベルアップにつながる）. 何カ所見つけることができるだろうか.

プログラムソースファイルの作成：exam6-3-5 (誤っているプログラム)

```
 1 #include<stdio.h>
 2 main()
 3 {
 4         int a,b,c,d,kotae;
 5 
 6         printf("b/a+d/cを計算します¥n分母aを入力して下さい");
 7         scanf("%d,a");
 8         printf("分子bを入力して下さい");
 9         scanf("%d,b");
10         printf("分母cを入力して下さい");
11         scanf("%d,c");
12         printf("分子dを入力して下さい");
13         scanf("%d,d");
14 
15         kotae = bc + ad / ac;
16 
17         printf("答えは%dです",b,a,d,c,kotae);
18 }
```

プログラム文の解説：exam6-3-5

4行目：分数計算であるので演算結果は小数になる．したがって，演算結果が代入される変数kotaeが整数型では正しい結果を算出できない．

7行目：scanf() の書式に誤りがある．ダブルクォーテーションの終了位置と変数名に&をつけ忘れている (9,11,13行目も同じ)．

15行目：われわれはbcと書くとb×cだと理解できるが，コンピュータはそうは理解してくれず，bcという名前の変数だろうと認識する．また，加算より除算の方が先に演算されるので，分子となっているのはbc+adではなく，ad (a×d) のみになっている．

17行目：変換指定子の%dが1つしか記述されていないのに，変数が5つ (a,b,c,d,kotae) も記述されている．

exam6-3-6：exam6-3-5をデバッグする．

プログラム作成の構想：exam6-3-6

述べたバグをすべて修正しよう．

プログラムソースファイルの作成：exam6-3-6

```
 1 #include<stdio.h>
 2 main()
 3 {
 4         int a,b,c,d;
 5         double kotae;
 6 
 7         printf("b/a+d/cを計算します¥n分母aを入力して下さい");
 8         scanf("%d",&a);
 9         printf("分子bを入力して下さい");
10         scanf("%d",&b);
11         printf("分母cを入力して下さい");
12         scanf("%d",&c);
13         printf("分子dを入力して下さい");
14         scanf("%d",&d);
15 
16         kotae = ( b * c + a * d ) / a * c;
17 
18         printf("%d/%d+%d/%dの答えは%fです",b,a,d,c,kotae);
19 }
```

プログラム文の解説：exam6-3-6

exam6-3-5で見つかったプログラムの誤りをすべて修正した.

プログラム文の実行：exam6-3-6

```
C:¥myprogram>exam6-3-6
b/a+d/cを計算します
分母aを入力して下さい3
分子bを入力して下さい1
分母cを入力して下さい3
分子dを入力して下さい2
1/3+2/3の答えは9.000000です
```

図6.3.5 exam6-3-6の実行結果

1/3＋2/3の結果は1になるはずであるが，プログラムの実行結果は9と表示され，誤っていることがわかる．すなわち，まだプログラムの誤りが存在することを示している．この誤りも順次処理の法則の誤りであるので，考えてみてほしい．

プログラムは順次処理の法則に従っていて，プログラム文の順番どおりであることはすでに説明したが，見落としやすいのが演算式も順になっていることである．演算式の優先順位は1.左から順番，2.カッコ内の演算，3.べき乗と乗根，4.乗算と除算，5.加算と減算，の順になっている．したがって，exam6-3-6の演算式kotae＝(b×c＋a×d)/a×cでは，初めにカッコの中の計算が優先されるので，左から順番に乗算のb×c(1×3)を算出し，a×d(3×2)を算出した後[3]，加算の3＋6＝9が行われる．そして，演算は左から順番に行われることから，変数aによる除算(9÷3＝3)が行われて最後に変数cによる乗算(3×3＝9)が行われることになる．つまり，最後の変数cによる乗算が分母に対してではなく，分子に対して行われている．このように，演算式においても順次処理の法則が成り立ち，それに慣れていないとなかなか見つけにくい．演算式を記述する時は注意深く行ってほしい．

3) b*cおよびa*dをどちらを先に演算するかは，実は厳密には決まっていない．結果は変わらないことからコンパイラの開発者に任せられている．

exam6-3-7：exam6-3-6をデバッグする.

プログラム作成の構想：exam6-3-7

exam6-3-6で指摘した誤りを修正する.

プログラムソースファイルの作成：exam6-3-7（修正部分（16行目）のみ抜粋）

```
16        kotae = ( (double)b * c + a * d ) / ( a * c );
```

プログラム文の解説：exam6-3-7

a×cの演算が分母になるように修正する. 加えてすべて整数同士の演算なので, 切り捨てを避けるためにデータ型のキャストを行う（読者の方は気付くことができただろうか）.

プログラムの実行：exam6-3-7

```
C:¥myprogram>exam6-3-7
b/a+d/cを計算します
分母aを入力して下さい3
分子bを入力して下さい1
分母cを入力して下さい3
分子dを入力して下さい2
1/3+2/3の答えは1.000000です
```

図6.3.6　exam6-3-7の実行結果

これでようやく正しいプログラムにすることができた. プログラミングを行う作業においては, プログラムのバグ（誤り）を取り除くデバッグは非常に重要であり, それを行うことによって, 自らのプログラミングの経験値を高めると同時にプログラムに対する見方を養うこともできるので, あきらめず努力してほしい. とりあえずカッコを入れてみたらどうだろうという根拠のないデバッグ作業を行う人を見かけるが, そういったデバッグの仕方は決して自らの力量を高めることにつながらない. 常にプログラムのアルゴリズムを冷静に見極め, 論理的に考えてデバッグすることを心掛けてほしい.

6.4 プログラム特有の演算式

プログラム文ではプログラム特有の意味を持つ演算式がある. それは次の式である.

`x=x+1`

上式は数学の分野ではおかしい式であるが, 実はプログラム文では頻繁に出てくる式であり, エラーも生じない. プログラミングを初めて学習する人は, イコールを挟んで同じ変数xがあるので一見おかしいように感じてしまうと思う. しかしながら, プログラムの式としてはこの式は重要な式である.

プログラム文の演算式においては, 右辺のxは古いxであり左辺のxは新しいxである. 初めて聞く方は何のことかしっくりこないかもしれないが, 次のプログラムで学習してみることにしよう.

exam6-4-1：$x=x+a$ の式（a の部分を1～5に変えてみる）の演算結果を調べる.

プログラム作成の構想：exam6-4-1

本プログラムを作成して，プログラム特有の式を学習しよう.

プログラムソースファイルの作成：exam6-4-1

```
 1 #include<stdio.h>
 2 main()
 3 {
 4         int x = 1;
 5 
 6         printf("xは%d¥n",x);
 7         x = x + 1;
 8         printf("xは%d¥n",x);
 9         x = x + 2;
10         printf("xは%d¥n",x);
11         x = x + 3;
12         printf("xは%d¥n",x);
13         x = x + 4;
14         printf("xは%d¥n",x);
15         x = x + 5;
16         printf("xは%d¥n",x);
17 }
```

プログラム文の解説：exam6-4-1

4行目：変数xを作成し，1を代入する.

6行目：変数xの値がどうなっているかを画面に表示するために記述する．同じ命令を何度も下の行で記述しているが，この手法は（プログラムの途中で変数の値を画面に表示してみる作業），プログラムのバグの発見にも有効であるので覚えておくと良い．例えば，プログラムにバグがある場合，どの段階で誤っているのかを調べるために，プログラムの途中の時点で画面に表示してみることによって，そのプログラムが，画面に表示する以前の段階で誤っているのか，以後の段階で誤っているのかを判断できることになる.

7行目：$x=x+a$ の式（7行目はaに1を代入）を記述する．この式においては，右辺のxの値は初期値（4行目で代入した値）の1が代入されているが，1を加算するので左辺のxには2が代入される（値が上書きされる）ことを意味する．つまり，右辺のxは古いxの値であるが，左辺のxには演算によって生じた新しい値が代入されることになる．本節の冒頭でも説明したが，このような式はプログラムでは頻繁に用いられるので覚えておくと良い.

8行目以降：変数xの値がどう変わるかを調べるために，前述の6行目と7行目を繰り返す（aの値のみ1ずつ増やす）.

プログラムの実行：exam6-4-1

```
C:¥myprogram>exam6-4-1
xは1
xは2
xは4
xは7
xは11
xは16
```

図6.4.1　exam6-4-1の実行結果

プログラム文ではprintf()を6行記述したので，そのとおり画面に6行表示された．また，x=x+aのaを1ずつ増やしていることから，変数xの値はそのとおり増加して最終的に16が代入される結果となった（初期値1に1,2,3,4,5（計15）を順に加算）．

6.5 演習問題

Q 6-1 scanf()を用いて，任意に上底と下底，高さの3つの値を入力し（すべて整数とする），台形の面積を算出するプログラムを作成せよ．ファイル名はtest6-1.

```
C:¥exam>test6-1
台形の面積を算出します
上底を入力して下さい2
下底を入力して下さい5
高さを入力して下さい3
上底2、下底5、高さ3の台形の面積は10.5です
```

Q 6-2 耕地面積が何反（なんたん）であるかを任意に入力して（小数も入力可とする），それが何平方mであるか算出するプログラムを作成せよ．1反は300坪であり，1坪は3.30578m²である．ファイル名はtest6-2.

```
C:¥exam>test6-2
何反の耕地面積ですか2.5
耕地面積は2479.335000m^2です
```

Q 6-3 $7x+8y-13=0$のx座標を任意に入力して（整数），y座標の値を算出するプログラムを作成せよ．ファイル名はtest6-3.

```
C:¥exam>test6-3
7x+8y-13=0のx座標を入力して下さい5
x座標が5のy座標は-2.750000です
```

Q 6-4 任意に3つのデータを入力して（すべて整数），それらの調和平均値を算出するプログラムを作成せよ．調和平均はそれぞれのデータの逆数の和をデータ個数で除算した値を，さらに逆数にした値である．ファイル名はtest6-4.

```
C:¥exam>test6-4
調和平均を算出します
1つめのデータを入力して下さい5
2つめのデータを入力して下さい6
3つめのデータを入力して下さい7
データ5、6、7の調和平均は5.887850です
```

Q 6-5 正八面体の1辺xを任意に入力して（整数），その体積Vを算出するプログラムを作成せよ．正八面体の体積は次式で算出される．$V=\frac{1}{3}\sqrt{2}x^3$．ファイル名はtest6-5.

```
C:¥exam>test6-5
正八面体の体積を算出します
1辺の長さを入力して下さい3
1辺が3の正八面体の体積は12.727922
```

任意に三角形の3辺の値を入力し（すべて整数とする），三角形の面積Tを算出するプログラムを作成せよ．面積Tはヘロンの公式により，次の式によって算出される．

$s=\dfrac{a+b+c}{2}$ であり，$T=\sqrt{s(s-a)(s-b)(s-c)}$．

```
C:¥exam>test6-6
三角形の面積を算出します
1つめの辺の長さを入力して下さい5
2つめの辺の長さを入力して下さい3
3つめの辺の長さを入力して下さい3
3辺の長さが5,3,3の三角形の面積は4.145781です
```

三角形の2辺をaとb，それらの辺の挟角θ(°)を任意に入力して（すべて整数とする），残りの辺xの長さを算出するプログラムを作成せよ．xの長さは次式で算出される．

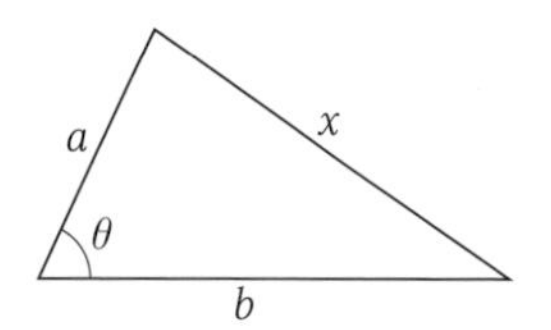

$x=\sqrt{a^2+b^2-2ab\cos\theta}$．$\pi=3.141592$とする．ファイル名はtest6-7．

```
C:¥exam>test6-7
三角形の1辺の長さを入力して下さい4
もう1辺の長さを入力して下さい5
挟角の角度を入力して下さい30
辺xの長さは2.521702です
```

斜め上，前方に物体を投射することを斜方投射という（図）．地面（高さ0）から，初速度v_0，角度θで射出したとすると，t秒後の水平方向（x軸方向）の位置xは$x=v_0\cos\theta\cdot t$であり，垂直方向（y軸方向）の位置yは$y=v_0\sin\theta\cdot t-\dfrac{1}{2}gt^2$で算出される．初速度$v_0$および角度（°），そして時間$t$を任意に入力して（すべて整数とする），水平方向の位置xと垂直方向の位置yを算出するプログラムを作成せよ．$\pi=3.141592$および$g=9.80665$（重力加速度）とする．ファイル名はtest6-8．

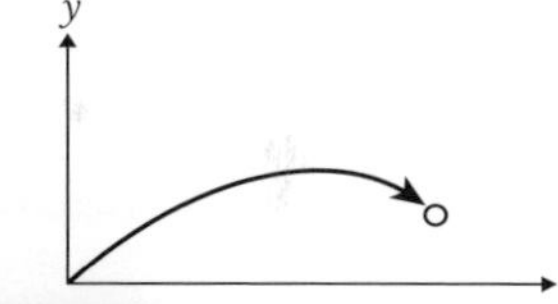


```
C:¥exam>test6-8
初速度v0を入力して下さい30
角度を入力して下さい60
時間を入力して下さい3
水平方向の位置xは45.000017、垂直方向の位置yは33.812352です
```

任意に3つのデータを入力して（すべて整数とする），それらの標準偏差値を算出するプログラムを作成せよ．標準偏差は次の手順で算出される．1.すべてのデータの平均値と各データの差（これを偏差という）を算出する（データ－平均値）．2.それら偏差の2乗の平均値（これを分散という）を算出する．3.分散の平方根をとる．ファイル名はtest6-9．

```
C:¥exam>test6-9
標準偏差を算出します
1つめのデータを入力して下さい5
2つめのデータを入力して下さい6
3つめのデータを入力して下さい7
データ5,6,7の標準偏差は0.816497です
```

第7章 分岐処理

プログラムの３つの基本構造のうち，前章で詳しく解説した順次処理と並ぶ重要な処理が分岐処理という文の構造である．本章では分岐処理の基本構造を学習し，比較演算子や論理演算子という演算子についても触れる．

7.1 条件によって処理を変える（if文）

例えば，大学の科目においては60点以上獲得すれば，単位を取得できる．これと同じように，○○したら○○をするという，ある条件を満たしたらこの処理を行うという処理をプログラム文では分岐処理と言い，ifという命令を用いて行う．if文の書式は以下のようになる．

```
if ( 適合条件 )
{
        条件に適合した場合の処理;
}
```

exam7-1-1：任意に整数を入力して，その整数が正の数であるならば，画面に「プラスです」と表示する．

プログラム作成の構想：exam7-1-1

if文を用いて，分岐処理のプログラム文を作成してみよう．

プログラムソースファイルの作成：exam7-1-1

```
 1 #include<stdio.h>
 2 main()
 3 {
 4         int nyuuryoku;
 5 
 6         printf("整数を入力して下さい");
 7         scanf("%d",&nyuuryoku);
 8 
 9         if ( nyuuryoku > 0 )
10         {
11                 printf("プラスです");
12         }
13 }
```

プログラム文の解説：exam7-1-1

4行目：任意に入力する整数を代入するための変数を作成する．

6～7行目：画面に何をするのかを表示し，変数にキーボードから値の入力を行う．

9行目：ifの記述後，続いてカッコ内に処理を行うための適合条件を記述する．条件は不等号の記号を用いて，変数nyuuryokuが（代入されている値が）0より大きい時（大きかったら）ということにする．初めての方はカッコの後にセミコロンを書いてしまうミスをしがちなので，注意してほしい．

10行目：条件に適合した場合の処理内容の開始を意味するブロック記号「{」を記述する．ブロック記号は省略可能であるが，省略しないで記述してほしい（詳しくは本章の7.6節で触れる）．

11行目：条件に適合した場合の処理内容を記述する（画面に表示）．記述の際には，if文内の処理であることを明確にするために Tab キーでさらに1段下げると，よりわかりやすくかつ見やすいプログラムになる．

12行目：分岐処理の終了を意味するブロック記号「}」を記述する．

プログラムの実行：exam7-1-1

1.正の数を入力した場合

```
C:¥myprogram>exam7-1-1
整数を入力して下さい8
プラスです
```

図7.1.1　exam7-1-1の実行結果（正の数を入力した場合）

2.負の数を入力した場合

```
C:¥myprogram>exam7-1-1
整数を入力して下さい-4
```

図7.1.2　exam7-1-1の実行結果（負の数を入力した場合）

正の数を入力すると「プラスです」と画面に表示され，負の数を入力すると何も起こらない（空の行は表示される）．すなわち，条件に適合した場合のみブロック記号内に記述した処理が実行され，適合しない場合は何も行われない処理である．

7.2 2分岐処理

前節では，ある条件に適合した場合にブロック記号内に記述した処理を行うプログラムを作成した（適合しない場合は何も行わない）．分岐処理では，ある条件に適合した場合にその処理を行い，適合しなかった場合には別の処理を行う2分岐処理も可能である．2分岐処理の書式は以下になる．

```
if ( 適合条件 )
{
		条件に適合した場合の処理;
}
else
{
		条件に適合しなかった場合の処理;
}
```

exam7-2-1：任意に整数を入力して，その整数が正であるならば画面に「自然数です」と表示し，その整数が0以下の数であるならば画面に「自然数ではありません」と表示する．

プログラム作成の構想：exam7-2-1

2分岐処理の書式を用いて，プログラム文を作成しよう．

プログラムソースファイルの作成：exam7-2-1

```
 1 #include<stdio.h>
 2 main()
 3 {
 4         int nyuuryoku;
 5 
 6         printf("整数を入力して下さい");
 7         scanf("%d",&nyuuryoku);
 8 
 9         if ( nyuuryoku > 0 )
10         {
11                 printf("自然数です");
12         }
13         else
14         {
15                 printf("自然数ではありません");
16         }
17 }
```

プログラム文の解説：exam7-2-1

9行目：前節のプログラムと同じようにif文を記述してカッコ内に適合条件を記述する．

10~12行目：適合条件に該当する場合の処理を記述する．

13行目：条件に適合しない場合，新たな処理を行う場合にはelse（そうでなかったら）という命令を記述する必要がある．

14 ~ 16行目：else節においても，ブロック記号で開始と終了を記述し，if文の条件に適合しなかった場合（変数nyuuryokuが0より大きくなかったら）の処理内容を記述する．

プログラムの実行：exam7-2-1

1.正の整数を入力した場合

```
C:¥myprogram>exam7-2-1
整数を入力して下さい5
自然数です
```

図7.2.1　exam7-2-1の実行結果（正の数を入力した場合）

2. 負の数字および0を入力した場合

```
C:¥myprogram>exam7-2-1
整数を入力して下さい-5
自然数ではありません
```

図7.2.2　exam7-2-1の実行結果（負の数を入力した場合）

else文を記述することによって，条件に適合しなかった場合の処理も指示することが可能である．

7.3 3分岐以上の処理

if文においては，3分岐以上の処理を行うことも可能である．2分岐処理のif～elseの間にelse if文を加えることで3分岐以上の処理を行うことができる．例として3分岐の処理の書式を以下に記す．

```
if ( 条件1の適合条件 )
{
        条件1に適合した場合の処理;
}
else if ( 条件2の適合条件 )
{
        条件1に適合せず，条件2に適合した場合の処理;
}
else
{
        条件1と条件2に適合しなかった場合の処理;
}
```

exam7-3-1：任意に点数（100点満点）を入力する．その点数が80点以上ならば「優」と表示，70点以上80点未満ならば「良」と表示，60点以上70点未満ならば「可」と表示して，60点未満ならば「不可」と表示する．

プログラム作成の構想：exam7-3-1

分岐がさらに増える場合の文の構造を学習しよう．本プログラムは，優，良，可，不可の4種類の表示を行うので4分岐となる．3分岐以上の処理を可能にするためには，解説したようにif～else文の間にelse if文を追加記述することによって行う．また，分岐が増えてくると，後で述べるがブロック記号に関するミスが多くなるので注意して記述してほしい．

プログラムソースファイルの作成：exam7-3-1

```
 1 #include<stdio.h>
 2 main()
 3 {
 4         int tensu;
 5 
 6         printf("点数を入力して下さい");
 7         scanf("%d",&tensu);
 8 
 9         if ( tensu >= 80 )
10         {
11                 printf("優です");
12         }
13         else if ( tensu >= 70 )
14         {
15                 printf("良です");
16         }
17         else if ( tensu >= 60 )
18         {
19                 printf("可です");
20         }
21         else
22         {
23                 printf("不可です");
24         }
25 }
```

プログラム文の解説：exam7-3-1

4 ~ 7行目：変数に値を入力する.

9行目：if文において，変数が80以上ならばという条件を記述する. ただし，われわれが用いる「以上」を意味する「≧」の記号は全角記号なのでプログラム文では用いることができない. プログラム文では不等号「>」の記号に続いて「=」を記述することによって（「>」と「=」はスペースを入れずに記述しなければならない)，「以上」を表現するので覚えておこう.

10 ~ 12行目：9行目で記述した条件に適合した場合の処理を記述する.

13行目：分岐が3つ以上ある場合，else if と書いてカッコ内に2つ目の条件を記述する. 2つ目の条件は70点以上80点未満である. したがって，条件は80 > tensu >=70と記述すべきと思いがちだが，条件はtensu >= 70（70 <= tensuでも構わない）だけで良い. なぜなら，if文特有の構造と同時に順次処理の法則が働いているからである. このことについては解説の最後で詳しく説明することにする.

14 ~ 16行目：2つ目の条件に適合した場合の処理を記述する.

17行目：13行目と同じようにelse ifの記述後，カッコ内に3つ目の条件を記述する.

18 ~ 20行目：3つ目の条件に適合した場合の処理を記述する.

21行目：最後の条件の60点未満については，「これまでの行で記述したすべての条件にあてはまらない場合は」という意味で，elseのみで条件の記述は必要ない. ただ，else if (tensu < 60)と記述しても問題はない.

22 ~ 24行目：3つの条件（9，13，17行目）に適合しない場合の処理を記述する.

if文においては，まず最初に記述した条件（9行目）と照合する. その結果，条件に適合するならば，11行目の処理（優と表示）を行う. その後は，処理がif文全体から出てしまい，25行目以降の処理に移る（本プログラムでは何の処理も行わないが）構造になっている. したがって，最初の9行目の条件と照合して適合しなかった場合のみ，13行目のelse if文に移動して2つ目の条件と照合する. つまり，if文では照合して適合しなかった場合のみ，その下のelse if文に処理が移ることになる. 例えば，変数tensuに80と入力された場合，「優です」と画面に表示して処理は終了する. 変数tensuに75と入力された場合は，最初の条件に適合しないため13行目の条件と照合し，ここでは適合するので「良です」と画面に表示されて，if文全体から処理が抜け出てしまう. ここで13行目以降の処理に移る場合を考えてみると，80以上が入力された場合はすべて最初の条件に適合して，11行目の処理が行われてif文の処理が終了してしまうことから，13行目に処理が移る場合は必然的に80未満のみの場合に限られる. これゆえ，13行目の条件ではtensu >= 70と記述するだけで70点以上80未満という条件になる. 80 > tensu >=70という条件はコンパイルエラーは生じないが，逆におかしい条件となってしまうため，プログラムの動作もおかしくなってしまう.

プログラムの実行：exam7-3-1（すべての条件の点数を入力した結果）

```
C:¥myprogram>exam7-3-1
点数を入力して下さい82
優です
C:¥myprogram>exam7-3-1
点数を入力して下さい75
良です
C:¥myprogram>exam7-3-1
点数を入力して下さい68
可です
C:¥myprogram>exam7-3-1
点数を入力して下さい52
不可です
```

図7.3.1　exam7-3-1の実行結果

if文の条件が増えると（else if文が増えると），ブロック部分の開始記号「{」と終了記号「}」のタイプミス（開始であるのに「}」としてしまったり，終了であるのに「{」としてしまったり）をしてしまうことが多くなるので注意してほしい．ところで，本例題でif文においても順次処理の法則が例外なく働いていることについては理解できたと思うが，それではexam7-3-1を次のプログラムにした場合はどうだろう．次のプログラムの誤りを指摘できるだろうか．

exam7-3-2：exam7-3-1と同じプログラムを作成する．ただし，条件の判定方法を不可から始めて（60点未満），可，良，優の順とする．

プログラム作成の構想：exam7-3-2

逆からの条件の記述にすると，プログラムをどう記述すべきかを考えてほしい．

プログラムソースファイルの作成：exam7-3-2（誤っているプログラム：exam7-3-1のソースファイルと異なる部分のみ（9行目からのif文の部分のみ）抜粋）

```
 9          if ( tensu < 60 )
10          {
11                  printf("不可です");
12          }
13          else if ( tensu >= 60 )
14          {
15                  printf("可です");
16          }
17          else if ( tensu >= 70 )
18          {
19                  printf("良です");
20          }
21          else
22          {
23                  printf("優です");
24          }
```

プログラム文の解説：exam7-3-2

このプログラム文はコンパイルエラーは生じないが誤っている．つまり，文法は正しいがプログラムのアルゴリズムに誤りがある．どこが誤っているか考えてほしい．

プログラムの実行：exam7-3-2

プログラムを実行してみるとわかるが，プログラムの動作がおかしい．80，70，60で「可です」と表示され，50の場合のみ「不可です」と表示された．なぜこういう動作になっているのだろうか．if文の構造を冷静に分析すると理解できると思う．9行目のif文の適合条件は

60より小さいならばという条件であるので，60より小さい値を入力すると「不可です」と処理される．60以上の値を入力した場合は次のelse if文（13行目）に処理が移行するが，その適合条件は60以上という条件なので，60はもちろん70や80を入力してもその条件に適合するので，すべて「可です」と処理されてしまう．このため,「良です」あるいは「優です」の処理をそれ以降で記述していても，実際にどんな整数を入力してもその処理は行われないプログラムとなっている．このプログラムで気付いたと思うが，if文においては条件を記述する順序が非常に重要であり，それを入念に考慮してプログラミングしなければならない．

```
C:¥myprogram>exam7-3-2
点数を入力して下さい80
可です
C:¥myprogram>exam7-3-2
点数を入力して下さい70
可です
C:¥myprogram>exam7-3-2
点数を入力して下さい60
可です
C:¥myprogram>exam7-3-2
点数を入力して下さい50
不可です
```

図7.3.2　exam7-3-2の実行結果

exam7-3-3：exam7-3-2のプログラムをデバッグする．

プログラム作成の構想：exam7-3-3

どういった条件の順序であれば正しいのかを考えて，プログラムを修正しよう．

プログラムソースファイルの作成：exam7-3-3 (exam7-3-1のソースファイルと異なる部分のみ（9行目からのif文の部分のみ）抜粋)

```
 9          if ( tensu < 60 )
10          {
11                  printf("不可です");
12          }
13          else if ( tensu < 70 )
14          {
15                  printf("可です");
16          }
17          else if ( tensu < 80 )
18          {
19                  printf("良です");
20          }
21          else
22          {
23                  printf("優です");
24          }
```

プログラム文の解説：exam7-3-3

9～12行目：60未満の条件を記述して，適合した場合の処理を記述する．

13～16行目：2つ目の条件と適合した場合の処理を記述する．可となる条件は60以上70未満である．したがって，2つ目の処理をtensu < 70（70 > tensuでも可）とすれば，70以上の値や80以上の値を適合させることなく処理できる．

17～20行目：2つ目の条件と同様に，3つ目の条件と適合した場合の処理を記述する．

21～24行目：「優です」と処理をする最後の処理を記述する．

プログラムの実行：exam7-3-3 (exam7-3-1と同じなので省略)

ここで，点数の評価は0～100点であるから，負の値や100以上の値を入力してしまった場合はどうするのかと思う方がいるかもしれない．その場合，例えば「判定できません」と表示するにはif文のどの部分に加えれば良いか，よく考えるとわかると思うので，プログラムを改変してみてほしい[1]．

7.4 比較演算子

「より大きい」，「以上」，「より小さい」，「以下」を表す演算子は，2つのものを比較する意味を持つため，比較演算子（関係演算子）と言う．「より大きい」と「より小さい」は不等号のみを記述し，記述した数も含まれる「以上」と「以下」については不等号の後にイコールも記述しなければならないことは，これまでのプログラムで既に理解いただけたと思う．ただ，プログラミング言語ではこれら以外にも重要な比較演算子があるので，本節で取り上げたい．

exam7-4-1：数当てプログラムを作成する．1～10の数字を任意に入力して，その数が3ならば「当たり」とし，それ以外の数は「はずれ」とする．

プログラム作成の構想：exam7-4-1

第一印象では，そんなに難しいプログラムではないように感じるが，落とし穴がある．

プログラムソースファイルの作成：exam7-4-1 (誤っているプログラム)

```
1  #include<stdio.h>
2  main()
3  {
4          int kazu;
5
6          printf("1～10までの数字を入力して下さい");
7          scanf("%d",&kazu);
8
9          if ( kazu = 3 )
10         {
11                 printf("当たりです");
12         }
13         else
14         {
15                 printf("はずれです");
16         }
17 }
```

1) exam7-3-3に加えるのであれば，「0より小さいならば」という条件をif文の最初の条件にして「判定できません」という処理を行う．「不可です」の処理については2番目のelse if 文に変更する．加えて，「優です」の処理をelse if文に変えてその条件を100以下とする．最後のelse文は「判定できません」という処理を行う．

プログラム文の解説：exam7-4-1

4～7行目：変数kazuを作成して，それに値を入力する．

9～16行目：if文において，入力した数字が3であれば「当たりです」と表示して，それ以外であれば「はずれです」と表示する．

プログラムの実行：exam7-4-1

3と7を入力した結果

```
C:¥myprogram>exam7-4-1
1～10までの数字を入力して下さい3
当たりです
C:¥myprogram>exam7-4-1
1～10までの数字を入力して下さい7
当たりです
```

図7.4.1 exam7-4-1の実行結果

プログラムを実行した時，正しい結果にはならなかった（例のように7を入力しても，「当たりです」と表示された）．これはif文の条件の記述が誤っているからである．プログラム文において「=（イコール）」は代入を意味する．例えば，前章最後の節（6.4）で$x = x + 1$というプログラム特有の式が存在することを学んだが，左辺と右辺が等しいことを意味するならばこの式は成り立たない．ゆえに左辺のxに新しい値が代入されるわけである．if文の条件においてkazu = 3と記述することは変数kazuに3を代入する作業をしていることになってしまう．したがって，変数kazuに代入された値が3であるならばとしたい場合には，左辺と右辺の値が等しいことを意味する比較演算子を用いなければならない．**表7.4.1**の比較演算子一覧表で確認していただきたい．

表7.4.1 比較演算子の種類

演算子	意味
==	左辺と右辺が等しい
!=	左辺と右辺が等しくない
>	左辺が右辺より大きい
>=	左辺が右辺以上
<	左辺が右辺より小さい
<=	左辺が右辺以下

表7.4.1のように左辺と右辺が等しいことを意味する記号は「= =（イコールを2つ続けて記述）」という記号であるので，それに従ってexam7-4-1を修正する．

exam7-4-2：exam7-4-1をデバッグする．

プログラム作成の構想：exam7-4-2

条件の記号を正しい記号に修正する．

プログラムソースファイルの作成：exam7-4-2（修正部分の9行目のみ抜粋）

```
9        if ( kazu == 3 )
```

プログラム文の解説：exam7-4-2

9行目：左辺と右辺が等しいことを意味する「= =」の記号に書き換える.

プログラムの実行：exam7-4-2

```
C:¥myprogram>exam7-4-2
1～10までの数字を入力して下さい3
当たりです
C:¥myprogram>exam7-4-2
1～10までの数字を入力して下さい7
はずれです
```

図7.4.2　exam7-4-2の実行結果

修正したプログラムは正しい動作結果になった.

7.5 論理演算子

if文においては，1つの条件だけではなく条件が2つ必要となる場合もある. 例えば，中間試験60点以上で期末試験も60点以上でなければ合格できない場合である. このような場合は2つの条件に適合しなければ処理を実行できない. このため，複数の条件に適合しなければ実行しない場合を想定して，プログラムでは論理演算子という演算子がある. AND，ORという要素を基本として，次の論理演算子がある（**表7.5.1**）.

表7.5.1　論理演算子の種類

演算子	意味
&&	かつ
||	または

例えば，Aの条件かつBの条件に適合しなければならない（2つの条件を満たさなければならない）場合は，「&&（アンド（アンパサンド）を2つ続ける）」の記号を用い，Aの条件またはBの条件に適合すれば良い（どちらか一方の条件を満たせば良い）場合は「||（バーティカルラインあるいはパイプ記号とも言われる記号（小文字のエルではない）を2つ続ける）」を用いる[2].

exam7-5-1：中間試験と期末試験の点数を入力して，その両方が60以上の場合のみ「合格」と表示して，それ以外は「不合格」と表示する.

プログラム作成の構想：exam7-5-1

論理演算子を含む条件のプログラムで，使い方を学習しよう.

2）これら以外に「～でない（否定）：NOT」を意味する論理演算子「!」があるが，初めてプログラミングを学習する人には，使い方が難しいので割愛した.

プログラムソースファイルの作成：exam7-5-1

```
 1 #include<stdio.h>
 2 main()
 3 {
 4         int tyuukan,kimatu;
 5 
 6         printf("中間の点数を入力");
 7         scanf("%d",&tyuukan);
 8         printf("期末の点数を入力");
 9         scanf("%d",&kimatu);
10 
11         if ( tyuukan >= 60 && kimatu >= 60 )
12         {
13                 printf("合格");
14         }
15         else
16         {
17                 printf("不合格");
18         }
19 }
```

プログラム文の解説：exam7-5-1

4～9行目：中間および期末の点数を入れる変数を作成し，任意にキーボードから入力する．

11行目：if文の条件は，中間が60以上でかつ期末も60以上という条件であるので，論理演算子を用いて2つの条件を結合する．

12～18行目：条件に適合した場合の処理および適合しなかった場合の処理を記述する．

プログラムの実行：exam7-5-1

```
C:¥myprogram>exam7-5-1
中間の点数を入力70
期末の点数を入力60
合格
C:¥myprogram>exam7-5-1
中間の点数を入力70
期末の点数を入力50
不合格
C:¥myprogram>exam7-5-1
中間の点数を入力50
期末の点数を入力60
不合格
C:¥myprogram>exam7-5-1
中間の点数を入力50
期末の点数を入力50
不合格
```

図7.5.1　exam7-5-1の実行結果

両者が60点以上の場合のみ「合格」と表示され，それ以外は「不合格」と表示されたので，正しい実行結果と言える．ただ，このプログラムは論理演算子を用いなければ実現できないのだろうか．次のプログラムで考えてみることにしよう．

exam7-5-2：exam7-5-1のプログラムを論理演算子を用いずに実現する.

プログラム作成の構想：exam7-5-2

exam7-5-1は論理演算子を用いるとスマートなプログラムであるが，論理演算子を用いなくても実現可能である．それはif文の中にif文を入れるという，入れ子（ネストあるいはネスティングと言う）を作成することである．ちなみに，本プログラムでは分岐処理の構造を2重（if文の中に1つのif文）にするが，3重以上でも可能である．

プログラムソースファイルの作成：exam7-5-2（変更したif文の部分（11行目以降）のみ抜粋）

```
11         if ( tyuukan >= 60 )
12         {
13                 if ( kimatu >= 60 )
14                 {
15                         printf("合格");
16                 }
17                 else
18                 {
19                         printf("不合格");
20                 }
21         }
22         else
23         {
24                 printf("不合格");
25         }
```

プログラム文の解説：exam7-5-2

11～21行目：変数tyuukanの値が60以上の場合に適合した時の処理を記述する．適合した場合の処理はさらにif文であるので，tyuukanの値が60以上に適合して，かつ変数kimatuの値が60以上の場合に「合格」と表示され，そうでなかったら「不合格」と表示される．

22～25行目：変数tyuukanの値が60以上に適合しなかった場合の処理を記述する．

プログラム文の実行：exam7-5-2（exam7-5-1と同じなので省略）

このように，if文の入れ子を作ることによって，結果としては中間が60以上でかつ期末も60以上の時のみ「合格」と表示するプログラムを作成することが可能になる．

ただ一方で，このプログラムは冗長的であってプログラムとしてはあまり価値がない，という反論があると思う．つまり，printf("不合格");という同じ記述が2行もあり，exam7-5-1のif文は8行の記述で済むのにexam7-5-2は同じif文で15行も記述しているので無駄が多い．しかしながら，初めてプログラミングを学ぶ人は自由な発想で自由に作ってほしい．冗長的であるかないか，あるいは効率的か非効率的か等の観点は，プログラミングに十分に慣れ，知識的にはもちろんであるが，経験的にも実感できなければ身につかない部分であると思う．したがって，最初はプログラムを完成させるために，自身の頭脳を総動員させてプログラム文を論理的にとらえて努力をすることが重要であると考える．とは言え，if文は入れ子にでき，かつ論理演算子がなくてもプログラムを作ることができることのみを解説するために，本プログラムを取り上げたわけではないので，次のプログラムを考えてほしい．

exam7-5-3：exam7-5-2の冗長性をできるだけなくすプログラムに改変する（論理演算子は使わない）.

プログラム作成の構想exam7-5-3

if文独特の手法があるので，このプログラムでそれを学習してみよう．その手法とはある状態（条件）に目印をつけるというアルゴリズムである．プログラムに慣れていないと最初は難しいかもしれないが，ピンと来ない人は以下のソースファイルを真似しても良いので，作成してみてほしい．

プログラムソースファイルの作成：exam7-5-3

```
 1 #include<stdio.h>
 2 main()
 3 {
 4         int tyuukan,kimatu;
 5         int flag = 0;
 6 
 7         printf("中間の点数を入力");
 8         scanf("%d",&tyuukan);
 9         printf("期末の点数を入力");
10         scanf("%d",&kimatu);
11 
12         if ( tyuukan >= 60 )
13         {
14                 if ( kimatu >= 60 )
15                 {
16                         printf("合格");
17                         flag = 1;
18                 }
19         }
20         if (flag != 1 )
21         {
22                 printf("不合格");
23         }
24 }
```

プログラム文の解説：exam7-5-3

5行目：変数flagを作り，0を代入する（1以外であれば何でも構わない）.

12～19行目：exam7-5-2にあったelse節をすべて（入れ子のelse節も含めて）削除する．すなわち，中間が60以上かつ期末も60以上の場合のみ「合格」と表示され，それ以外は何もしないことになる．これに加えて，適合した場合のみ変数flagの値を1に変える．

20～23行目：if文において，変数flagの値が1でなかった場合のみ「不合格」と表示する．プログラムのif文における有名な手法である．フラグ（フラッグ：旗）を立てると言い，プログラムのある特定の条件を満たした（あるいは満たさない）場合に，旗のような何かの目印をつけることを指す．本プログラムでは中間が60以上かつ期末が60以上の場合のみ，変数flagに1を代入することによって目印をつけておいた．そして，その後に変数flagが1の場合は何もせず，変数flagの値が1でなかった場合のみ「不合格」と画面に表示するというわけである．一般的にコンピュータプログラムでは0と1で目印づけを行うことが多いのでそれにならったが，目印にする値は何であっても構わない．

プログラムの実行：exam7-5-3（exam7-5-1と同じなので省略）

printf("不合格")を複数行記述しなければならない冗長を解消し，かつ3行減らすことに成功した．ただ，論理演算子を使えば最もスマートなプログラムにすることができることもわかったと思う．つまり，逆に言えば論理演算子は考えられるべくして考えられた演算子であると言えよう．また，本プログラムにおいて紹介した目印をつけるプログラミングは，よく知られた手法なので覚えておくと役に立つ．

7.6 ブロック記号の重要性

7.1節において，ブロック記号の「{」と「}」を省略できることについて触れたが，省略する習慣をつけることは勧めない．なぜなら7.5節で触れたif文の入れ子の場合に入れ子の区別ができなくなることがある．それに加えて，if文の境界の区別が意図していない結果になってしまうこともある．次のプログラムで確認してみよう．

exam7-6-1：3つの変数x, y, zを作成して，変数yとzにはあらかじめそれぞれ2と3を代入しておく．変数xのみキーボードから任意に入力する．xに入力した値が1であるならば，yとzにそれぞれ4と5を代入して入力した値とともに表示する．入力した値が1以外の値であるならば，yとzには何も代入せずに（初期値の2と3のまま），入力した値とともに表示する．ただし，if文のブロック記号を省略したプログラムとする．

プログラム作成の構想：exam7-6-1

ブロック記号を記述しないでif文を作成してみてほしい．アルゴリズム的にはこれまで学習した内容を用いれば良いので難しくはない．

プログラムソースファイルの作成：exam7-6-1

```
 1 #include<stdio.h>
 2 main()
 3 {
 4         int x;
 5         int y=2,z=3;
 6 
 7         printf("変数xに代入する値を入力して下さい");
 8         scanf("%d",&x);
 9 
10         if ( x == 1 )
11         y = 4;
12         z = 5;
13 
14         printf("%d¥t%d¥t%d",x,y,z);
15 }
```

プログラム文の解説：exam7-6-1

4～5行目：変数x,y,zを作成して，yとzにのみ2と3を代入する．

7～8行目：変数xにキーボードから任意に値を代入する．

10～12行目：if文において，変数xに1が代入された場合のみ変数yとzにそれぞれ4と5を代入する．条件に適合しない場合は何もしない．ただし，if文のブロック記号を記述しない．

14行目：変数x,y,zの値を画面に表示する．

プログラムの実行：exam7-6-1

xに1を代入した場合と，0を入力した場合

```
C:¥myprogram>exam7-6-1
変数xに代入する値を入力して下さい1
1       4       5
C:¥myprogram>exam7-6-1
変数xに代入する値を入力して下さい0
0       2       5
```

図7.6.1 exam7-6-1の実行結果

変数xに入力した値が1でも0でもzの値が5となっている．つまり，12行目のz=5の命令はif文の条件に適合する場合でも，しない場合でも実行されていることになり，if文に組み込まれていないと判断されていることが確認できる．このようにブロック記号を省略してしまうと，if節をどこで区切るかに関してコンパイラに勝手に判断されてしまい（基本的には命令文1文のみで区切られる），こちらの意図したとおりの処理にならない場合が出てきてしまうので，ブロック記号の省略はせずに多少面倒でもブロック記号をきちんと記述する習慣をつけてほしい．

7.7 演習問題

任意に整数を入力して，その数が正か負かゼロかを判別するプログラムを作成せよ．ファイル名はtest7-1．

```
C:¥exam>test7-1
整数を入力して下さい23
正の数です
C:¥exam>test7-1
整数を入力して下さい-6
負の数です
C:¥exam>test7-1
整数を入力して下さい0
ゼロです
```

任意に整数を入力して，その数が偶数か奇数かゼロかを判別するプログラムを作成せよ．ファイル名はtest7-2.

```
C:¥exam>test7-2
整数を入力して下さい16
偶数です
C:¥exam>test7-2
整数を入力して下さい17
奇数です
C:¥exam>test7-2
整数を入力して下さい0
ゼロです
```

2次方程式$ax^2+bx+c=0$の判別式$D=b^2-4ac$において，$D>0$のとき異なる2つの実数解を持ち，$D=0$のとき重解を持ち，$D<0$のとき実数解を持たない．任意に係数a，b，cを入力して（整数），2次方程式の解の種類の判別を行うプログラムを作成せよ．ファイル名はtest7-3.

```
C:¥exam>test7-3
2次方程式の解の判別をします
係数aを入力して下さい2
係数bを入力して下さい8
係数cを入力して下さい3
異なる2つの実数解を持ちます
C:¥exam>test7-3
2次方程式の解の判別をします
係数aを入力して下さい1
係数bを入力して下さい-10
係数cを入力して下さい25
重解を持ちます
C:¥exam>test7-3
2次方程式の解の判別をします
係数aを入力して下さい3
係数bを入力して下さい3
係数cを入力して下さい1
実数解を持ちません
```

任意に2つの整数を入力して，それらの値の大きい数から小さい数をひいた差を算出する．2回とも同じ数を入力した場合は「同じ数です」と画面に表示するプログラムを作成せよ．ファイル名はtest7-4.

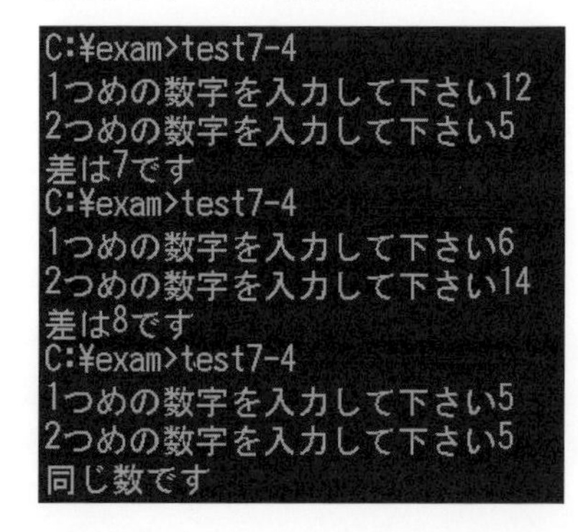

```
C:¥exam>test7-4
1つめの数字を入力して下さい12
2つめの数字を入力して下さい5
差は7です
C:¥exam>test7-4
1つめの数字を入力して下さい6
2つめの数字を入力して下さい14
差は8です
C:¥exam>test7-4
1つめの数字を入力して下さい5
2つめの数字を入力して下さい5
同じ数です
```

商品の価格および購入個数を任意に入力して，その合計金額を算出するプログラムを作成せよ．ただし，合計金額は購入個数に応じて次のように変わるものとする．10個以上購入すると1割引き，20個以上購入すると2割引きというように，10個毎に割引率が1割ずつ増していくこととする（50個以上になると割引率は変化しない：5割引きとする）．ファイル名はtest7-5.

```
C:¥exam>test7-5
商品の価格を入力して下さい120
購入個数を入力して下さい10
合計金額は1080円です
C:¥exam>test7-5
商品の価格を入力して下さい120
購入個数を入力して下さい54
合計金額は3240円です
```

任意に3つの整数を入力して，最も小さい数字を表示するプログラムを作成せよ．ファイル名はtest7-6.

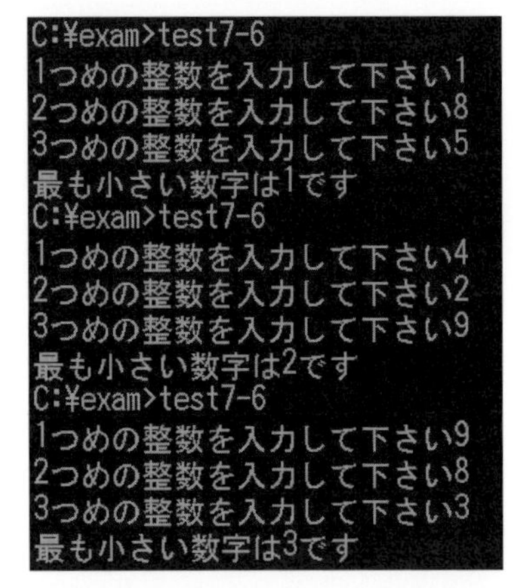

現在の時間（入力する値は0～23の整数とする）を任意に入力して，6～11を入力した場合は「おはようございます」，12～17の場合は「こんにちは」，0～5および18～23を入力した場合は「こんばんは」と画面に表示するプログラムを作成せよ．ファイル名はtest7-7.

```
C:¥exam>test7-7
現在の時間を入力して下さい5
こんばんは
C:¥exam>test7-7
現在の時間を入力して下さい10
おはようございます
C:¥exam>test7-7
現在の時間を入力して下さい15
こんにちは
C:¥exam>test7-7
現在の時間を入力して下さい23
こんばんは
```

2次方程式$ax^2+bx+c=0$の3つの係数a, b, cを任意に入力して(整数とする), この方程式の解を算出するプログラムを作成せよ. 解は$\frac{-b\pm\sqrt{D}}{2a}$で算出される(Dについては問題7-3参照のこと). ファイル名はtest7-8.

```
C:¥exam>test7-8
係数aを入力して下さい0
係数bを入力して下さい0
係数cを入力して下さい1
解はありません
C:¥exam>test7-8
係数aを入力して下さい0
係数bを入力して下さい3
係数cを入力して下さい2
解は-0.666667です
C:¥exam>test7-8
係数aを入力して下さい1
係数bを入力して下さい2
係数cを入力して下さい1
解は重解で-1.000000です
C:¥exam>test7-8
係数aを入力して下さい1
係数bを入力して下さい1
係数cを入力して下さい1
実数解を持ちません
C:¥exam>test7-8
係数aを入力して下さい1
係数bを入力して下さい8
係数cを入力して下さい1
解は-0.127017と-7.872983です
```

3桁の整数を任意に入力する. この整数を構成している各桁の数字を並べ替えて, 最も小さい数字になるようにするようなプログラムを作成せよ(例:591と入力→159にする:0は入力しないこととする). ファイル名はtest7-9.

```
C:¥exam>test7-9
3桁の整数を入力して下さい123
並べ替えられた整数は123です
C:¥exam>test7-9
3桁の整数を入力して下さい213
並べ替えられた整数は123です
C:¥exam>test7-9
3桁の整数を入力して下さい321
並べ替えられた整数は123です
C:¥exam>test7-9
3桁の整数を入力して下さい132
並べ替えられた整数は123です
C:¥exam>test7-9
3桁の整数を入力して下さい312
並べ替えられた整数は123です
```

第8章 反復処理

これまで学習した順次処理と分岐処理は，プログラムのアルゴリズムを構成する重要な処理である．これらに加えて，プログラミングではもう1つ重要な処理がある．反復処理(繰り返し処理）と言い，本章で学習する．その言葉どおり，何かの作業を繰り返す処理であるが，筆者の経験上，初めてプログラムを学ぶ人は最も苦手とする処理なので，あきらめず，論理的に考えることを忘れずに取り組んでほしい．

8.1 処理を繰り返す（while文）

これまで学習した順次処理や分岐処理は比較的理解しやすいが，何かを繰り返す処理（loop：ループとも言う）は初めて言われてもわかりづらいかもしれない．身近な例で言えば，交差点の信号機を考えてみると良い．一定の規則（時間）で点灯している信号機を動かしているプログラムは，赤を点灯して，次に青の点灯をして，黄の点灯をしてから赤の点灯に戻るという処理を繰り返している．つまり，24時間分のプログラムが存在し，点灯時間のコントロールを順次処理で行っているのではなく，ある処理を繰り返しているのである．日中と夜間の信号機の点灯時間が異なっているという疑問が生じるかもしれないが，それは反復処理と分岐処理（日中と夜間で処理を変える）を組み合わせれば可能である．プログラムに反復処理が必要な理由はプログラムの効率化，すなわち労力とコストの低減化である．つまり，述べた信号機の例で簡単に言うならば（時間の要素については除く）以下の違いがある．

<順次処理>赤→青→黄→赤→青→黄→赤→青→黄→・・・・以下24時間分記述して終了．
<反復処理>（24時間の間，以下の処理を繰り返しなさい）赤→青→黄；以下何も記述せず終了．

上の例でわかると思うが，順次処理では，例えば赤→青→黄の1サイクルの時間を100秒とすると，1日は60秒×60分×24時間=86400秒であるので，1日分のプログラムを作成するために，1サイクルの記述を864回記述しなければならない．これに対して，反復処理を用いれば，「これを繰り返しなさいという前置きの命令」＋「1サイクルの記述」だけで済む．つまり，圧倒的にプログラムの効率化が図れる．初めてプログラミングを学習する人にとっては，反復処理の有用性についての実感はあまり湧かないと思うが，実際にプログラムが必要なところでは反復処理はなくてはならない．

反復処理はwhile文を用いて以下のように記述する．

```
while (反復の条件)
{
        反復の条件に適合した場合の処理 (繰り返す処理);
}
```

第6章（6.4節）で学習したプログラミング特有の式（$x=x+a$）のことを覚えているだろうか．この式を繰り返してみるとどうなるか考えてみよう．

exam8-1-1：$x=x+1$の式をxの値が0から10になるまで繰り返して表示する．

プログラム作成の構想：exam8-1-1

while文を用いて，反復処理の記述法を学習しよう．

プログラムソースファイルの作成：exam8-1-1

```
1  #include<stdio.h>
2  main()
3  {
4          int x = 0;
5  
6          while ( x <= 10 )
7          {
8                  printf("%d¥t",x);
9                  x = x + 1;
10         }
11 }
```

プログラム文の解説：exam8-1-1

4行目：変数xを作成して0を代入する．xに何かを代入しておかないと，9行目の$x=x+1$の式を演算できないことになる．なぜなら，演算式の右辺である$x+1$のxの値が決まらないからである．

6行目：反復処理を意味するwhileを記述後，続けてカッコ内に反復の条件を記述する．反復の条件は，xが10以下の場合とする．

7～10行目：繰り返す処理をブロック記号内に記述する．記述する文はprintf()（8行目）と$x=x+1$の演算なので，画面に表示する作業と，xに1を加算する作業を繰り返すことになる．

while文においては，処理がwhile文に進んだ時点で，まず繰り返すための条件であるxが10以下であるかどうかを判別し，その条件に適合した場合にブロック記号内の処理をする．処理を行った後は，再度while文の先頭（反復条件が記述されている行）に戻って条件に適合するかどうかを判別し，適合するならばブロック記号内の処理をまた行う．このように，while文節の最初の行から最後の行まで進んだら，また最初に行に戻る作業を繰り返す．条件に適合しない場合は，while文すべてから抜け出て，while文より下の処理に移行することになる．

プログラムの実行：exam8-1-1

図8.1.1　exam8-1-1の実行結果

変数xが10以下の場合に，画面に変数xの値を表示する処理とxに1を加算する処理を繰り返すプログラムであるので，$x=0$から$x=10$まで加算された結果が画面に表示されたことになる．次のプログラムでより実際的な場合を想定したものを考えてみる．

exam8-1-2：任意に定額の貯蓄金額を入力して，貯金額の合計が1万円になるまでの経過を表示する．

プログラム作成の構想：exam8-1-2

反復処理においては，反復の条件と反復する処理を見極めることが重要である．初めに分析してみることにしよう．

反復の条件：合計金額が10000になるまで繰り返す．

反復する処理：一定の貯蓄額を加算する処理である（貯金額の合計金額を出すため）．加えて，忘れてならないのが，その結果を画面に表示する処理である．

前のプログラム（exam8-1-1）では，$x=x+1$という式によってxに1を加算し，それを繰り返す処理を行った．それを本プログラムでも利用することにしよう．つまり，$x=x+1$という式で1を加算する作業を繰り返すことになるから，$x=x+a$としてaを貯蓄金額にすれば，貯蓄金額を加算する作業を繰り返すことになり，xに最終的に代入される値は貯蓄金額の合計になる．これはコンピュータプログラムにおいてはよく用いられるアルゴリズムで，いわば，空の容器（0が代入された変数）を用意して，その容器に次々に加算していくことで合計を出すという考え方である．

プログラムソースファイルの作成：exam8-1-2

```
1  #include<stdio.h>
2  main()
3  {
4          int goukei = 0;
5          int tyotiku;
6  
7          printf("1回の貯金額を入力して下さい");
8          scanf("%d",&tyotiku);
9  
10         while ( goukei <= 10000 )
11         {
12                 printf("%d¥t",goukei);
13                 goukei = goukei + tyotiku;
14         }
15 }
```

プログラム文の解説：exam8-1-2

4行目：合計金額を算出する変数を用意して，0を代入しておく（繰り返し言及するが，$x=x+a$の演算を行う際に，右辺に何も入っていなければ計算できない）．

5行目：1回の貯蓄額を代入する変数を用意する．

7～8行目：貯蓄額を任意に入力する．

10行目：while文を記述して，合計金額が代入される変数goukeiが10000以下の場合に繰り返す条件とする．

11～14行目：繰り返す処理を記述する．つまり，合計金額を画面に表示する文と貯蓄額を加算する文となる．

プログラムの実行：exam8-1-2

```
C:¥myprogram>exam8-1-2
1回の貯金額を入力して下さい500
0       500     1000    1500    2000    2500    3000    3500    4000    4500
5000    5500    6000    6500    7000    7500    8000    8500    9000    9500
10000
```

図8.1.2　exam8-1-2の実行結果

反復処理をうまく制御することができた．初めてプログラミングを学ぶ人にとって，反復処理のプログラムは最初の大きなハードルと思うが，反復処理を記述する際には次のことに気をつけると良い．

1. 何の作業を繰り返すべきなのかを正確に判断する．
2. どのような場合に繰り返すのか，繰り返しの条件を正確に判断する．
3. 繰り返しにおいても，順次処理の法則が働いていることに注意する．
4. 想像できるならば，繰り返しの開始と終了時の状態を把握する．

ここで，何となくでも1と2については理解できると思う．しかし，3と4についてどういうことかわかるだろうか．次のプログラムで，3と4が反復処理の記述において重要であることを学習しよう．

exam8-1-3：exam8-1-2の12行目と13行目を入れ替えてみる．

プログラム作成の構想：exam8-1-3

単に行を入れ替えるだけだが，結果がどうなるか想像してみてほしい．

プログラムソースファイルの作成：exam8-1-3（修正箇所のみ抜粋（while文節：10～14行目））

```
10    while ( goukei <= 10000 )
11    {
12            goukei = goukei + tyotiku;
13            printf("%d¥t",goukei);
14    }
```

プログラム文の解説：exam8-1-3

12行目の記述と13行目の記述を入れ替える．

プログラムの実行：exam8-1-3

```
C:¥myprogram>exam8-1-3
1回の貯金額を入力して下さい500
500     1000    1500    2000    2500    3000    3500    4000    4500    5000
5500    6000    6500    7000    7500    8000    8500    9000    9500    10000
10500
```

図8.1.3　exam8-1-3の実行結果

exam8-1-2と異なる実行結果となった．なぜ，たった2行の順序を入れ替えただけで実行結果が異なったのか．12行目と13行目を交換したことは命令の順序を変えたことで，処理の順番を変えたということである．exam8-1-2はprintf()を先に記述しているので，変数goukeiの値を画面に表示する作業を先に行い，その後goukeiに加算する．exam8-1-3は変数goukeiに加算するのが先で，その次に画面に表示する．このため，exam8-1-2では変数goukeiに代入する初期値0が先に表示されるが，exam8-1-3では入力した値500を加算した後の値が表示されたことになる．変数goukeiが10000以下の時繰り返す条件にしているので，変数goukeiの値が10000となっても処理は実行され，ただしexam8-1-2においては加算される前の10000で終了し，exam8-1-3では加算された後の10500で終了したということである．

前のプログラムで，繰り返しにおいては順次処理が重要であり，かつ繰り返しの初めと終了をイメージできることが重要であると述べたが，本プログラムの例でわかるように，処理の順序が繰り返しの開始と終了に大きく影響するという意味で，とても重要である．繰り返し処理を記述する際に，このことを考慮してプログラミングを行うのと行わないのでは成果が大きく異なるので，細心の注意を払ってプログラミングしてほしい．

8.2 繰り返す回数を制御する

反復処理において，繰り返しの作業を制御する条件は重要である．前節の例のように，合計が10000になるまで繰り返す等といった条件はよく用いられるが，これ以外にも，繰り返しの回数を制御することによって反復処理を行うアルゴリズムもプログラムではよく用いられる．本節では，繰り返しの回数を制御する手法を学習する．

exam8-2-1：「繰り返し回数の制御」と画面に10行表示する．

プログラム作成の構想：exam8-2-1

プログラムを考える上で，反復の条件と反復する処理を明確にすることが重要である．本プログラムでも考えてみることにする．

反復の条件：10行表示する（10回繰り返す）ので，どういう条件になるだろうか．プログラムにおいては，ある種の工夫が必要となるが，このことについては後で詳しく解説する．

反復する処理：画面に「繰り返し回数の制御」と表示する文である．加えて，これも後で説明するが，繰り返しの回数を数える処理も必要となる．

プログラムソースファイルの作成：exam8-2-1

```
1  #include<stdio.h>
2  main()
3  {
4          int kaisu = 0;
5
6          while ( kaisu < 10 )
7          {
8                  printf("繰り返し回数の制御¥n");
9                  kaisu = kaisu + 1;
10         }
11 }
```

プログラム文の解説：exam8-2-1

4行目：繰り返しを行う回数を制御する場合は，あらかじめ回数を制御するための変数を作成する．代入しておく値は何でも構わないが，わかりやすいように0を入れておくことにする．

6行目：変数kaisuが10より小さいならば，繰り返す．

7～10行目：画面に表示する処理を繰り返すので，printf() を記述する．加えて，プログラム特有の式x=x+aの式を利用して，変数kaisuに1を加えるという演算を行う．すなわち，繰り返しの開始ではprintf() が1度実行されると変数kaisuが1増えて0から1になり，その後の繰り返しにおいても，printf() が実行される度にkaisuが1増えることになる．

つまり，この式が行っている処理は，繰り返しの回数を数えている作業と同じ意味を持つ．

プログラムの実行：exam8-2-1

```
C:¥myprogram>exam8-2-1
繰り返し回数の制御
繰り返し回数の制御
繰り返し回数の制御
繰り返し回数の制御
繰り返し回数の制御
繰り返し回数の制御
繰り返し回数の制御
繰り返し回数の制御
繰り返し回数の制御
繰り返し回数の制御
```

図8.2.1　exam8-2-1の実行結果

繰り返しの開始時を考えよう．1回目のprintf() を表示した後，回数（変数kaisu）は1となる．2回目ではprintf() を表示した後，回数（変数kaisu）は2となる．回数を数える変数kaisuが繰り返し処理の制御を行うこととなる．では，繰り返しの終了時はどうなるだろうか．9回目のprintf() が処理されてkaisuが9となり，9は条件に適合するので，10回目のprintf() が実行されてkaisuは10となる．10は条件に適合しないので処理は終了する．条件をkaisu<10ではなく，kaisu<=10とすると11回表示されてしまう．kaisu<=10として10回表示するには，変数kaisuの初期値を0ではなく，1にしなければならないこともわかる．

本プログラムで繰り返しの回数を制御するためには，繰り返しの回数を数える変数を用意する工夫が必要であることは理解できたと思う．実は，本章の最初のプログラム（exam8-1-1）で扱った式が繰り返しの回数を制御する式になることでもあり，そのことを前節に戻って確認してほしい．しかしながら，注意しなければならないことがある．while文で繰り返し処理を行う際，繰り返しの回数を数える式（本プログラムではkaisu=kaisu+1の式）の記述を忘れてしまうことがある．この記述を忘れてしまうとkaisuの値は初期値0のまま永遠に変わらない．そして，0は繰り返しの条件であるkaisu<10に永遠に適合するので永遠に処理を繰り返す（これを無限ループという）ことになってしまう．もし，プログラム文を誤って記述してしまい，無限ループの状態になったと思った時は，速やかにコマンドプロンプトの画面を終了して，プログラムソースファイルを見直すところから始めてほしい．

さて，繰り返しの回数を制御するアルゴリズムのプログラムに関して何となくでも理解できたのではないかと思う．それでは，より実際的なプログラムを作成することによって，さらに理解を深めることにしよう．

exam8-2-2：掛け算の九九の3の段を反復処理を用いて縦に表示する．

プログラム作成の構想：exam8-2-2

反復の条件：掛け算は誰でも知っているので，条件を27までとしても構わないが，今回は加算する処理を9回繰り返す，つまり，繰り返す回数を制御するアルゴリズムにしてみよう．

反復する処理：掛け算の3の段なので，3,6,9,・・・27までということは，3を加算する処理を繰り返す必要がある．掛け算を繰り返しても可能だが，それは後で説明しよう．また，結果を画面に表示する処理と繰り返しの回数を数える処理も忘れないようにしてほしい．

プログラムソースファイルの作成：exam8-2-2

```
1  #include<stdio.h>
2  main()
3  {
4          int san_dan = 0;
5          int kaisu = 0;
6  
7          while ( kaisu < 9 )
8          {
9                  san_dan = san_dan + 3;
10                 printf("%d¥n",san_dan);
11                 kaisu = kaisu + 1;
12         }
13 }
```

プログラム文の解説：exam8-2-2

4行目：3の段の値を表す変数を作成して0を代入しておく．変数名にアンダーバーを用いたが，アンダーバーを用いる変数名は推奨されているので，名前をつける時に困ったら入れ込むと良い．ちなみに，0でなく3を代入した場合はどうなるか（どうすべきか）もあわせて考えてほしい．

5行目：繰り返しの回数を数える変数を作成して0を代入する．

7～12行目：反復処理を行う．掛け算は×9までであるので，9回繰り返す条件として，3を加算する処理を繰り返し，画面に表示する処理を繰り返し，反復回数を数える処理を繰り返すことになる．

プログラムの実行：exam8-2-2

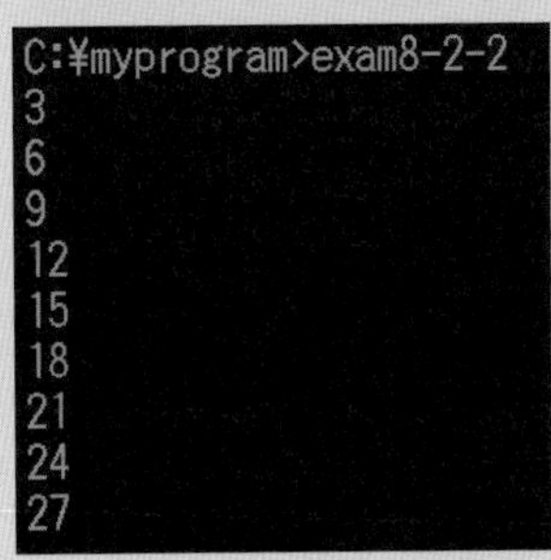

図8.2.2 exam8-2-2の実行結果

本プログラムを作成したことで，繰り返しの回数によって反復処理を制御する手法についての理解が深まったと思う．

ここで，読者の方にいくつか質問をしたい．これらの質問について考えることは，プログラミングに対する見方や考え方を養うことにつながるはずである．特に反復処理に関しては，少しハードルが高いので，詳細にかつ正確にアルゴリズムを分析することによって，この処理を習得してほしい．プログラミングにおいて「プログラムをうまく完成させることができた」で終わってしまっては，本来の目的の半分しか達成できていない．なぜうまく完成させることができたかを正確に分析できる能力を養うことも大切であり，それも目的の1つである．意図するプログラムを完成させた時は達成感があるので，それで終わってしまいがちであるが，その後，完成させたプログラムを客観的に判断して分析することが，次のステップへの道につながることを心にとめておいてほしい．

質問1：前のプログラムのexam8-2-1では繰り返しの条件をkaisu<10としたが，本プログラムではkaisu<9としている．その理由はなぜか．

質問2：本プログラムでは，変数san_dan（掛け算の3の段の値が入る変数）の初期値に0を代入したが，3を代入した場合はどうすべきか．

質問3：本プログラムの繰り返しの条件を，繰り返しの回数を制御する条件としたが，3の段は27が最後なので繰り返しの条件を27までとしたい．プログラムをどう改変すれば良いか．

質問4：本プログラムでは，加算を繰り返すことによって掛け算を表現したプログラムであるが，文字通り乗算を繰り返すことによって掛け算の結果を表現するにはプログラムをどう改変すれば良いか．

以下で解答を述べるが，必ず最初に自身で時間をかけて考えてみたうえで，それでもわからなかったら読んでほしい．ただし，プログラムは様々なアルゴリズムで実現できるため，正答というものはない（効率的か非効率的かの評価はあるが）．解答の一例を提示することをご理解いただきたい．

質問1の解答：掛け算の九九は10回ではなく9回繰り返すため．

質問2の解答：変数san_danの初期値に3を代入した場合は，exam8-2-2のプログラム文では3を加算してから画面に表示する順序の処理になっているため，3は表示されず，6から30まで表示されてしまう．このため，加算する処理と画面に表示する処理の順番の前後を交換（9行目と10行目を交換）すると，画面に表示してから加算という順序になり，正しいプログラムとなる．

質問3の解答：以下のプログラムにする（exam8-2-3）.

プログラム作成の構想：exam8-2-3

繰り返しの回数を制御しないので，変数san_danの値を制御すれば良いことになる.

プログラムソースファイルの作成：exam8-2-3

```
 1 #include<stdio.h>
 2 main()
 3 {
 4         int san_dan = 0;
 5 
 6         while ( san_dan < 27 )
 7         {
 8                 san_dan = san_dan + 3;
 9                 printf("%d¥n",san_dan);
10         }
11 }
```

プログラム文の解説：exam8-2-3

繰り返しの回数で制御しないので，繰り返しの回数を数える変数は必要ない．ただし，繰り返しの条件を「27より小さい」ではなく，「27以下」としてしまうと，変数san_danが27になった時も条件に適合するために処理が実行されてしまい，30まで表示されてしまうので，注意してほしい.

質問4の解答：以下のプログラムにする（exam8-2-4）.

プログラム作成の構想：exam8-2-4

乗算を繰り返すことは，3×1，3×2，3×3，3×4，・・・・・・を繰り返すことになる．つまり，3×○という式の○の部分を1から9まで増加させるアルゴリズムにしたら良い.

プログラムソースファイルの作成：exam8-2-4

```
 1 #include<stdio.h>
 2 main()
 3 {
 4         int san_dan;
 5         int kaisu = 0;
 6 
 7         while (kaisu < 9 )
 8         {
 9                 san_dan = ( kaisu + 1 ) * 3;
10                 printf("%d¥n",san_dan);
11                 kaisu = kaisu + 1;
12         }
13 }
```

プログラム文の解説：exam8-2-4

1～9まで変化する新しい変数を用意しても構わないが，ちょうど変数kaisuが1ずつ変化するので，本プログラムではそれを利用する形にした.

8.3 繰り返しの回数によって制御するための文(for文)

前節で学習したように，プログラムにおいては繰り返す回数の制御によって反復処理を行うアルゴリズムがあり，かつ頻繁に用いられる．そして，while文を用いて繰り返す回数を制御するプログラムを作成することが可能である．しかし，プログラムでは，while文ではない，特に繰り返しの回数を制御するために用意されたfor文という文でも反復処理を行うことができる．本節ではこのfor文を取り上げる．for文は，繰り返す回数を制御する処理を念頭においた文であるので，繰り返し回数を制御するアルゴリズムではfor文の方が記述しやすい場合がある．for文はwhile文の弱点を補ってくれる面もあり，覚えておくとプログラミング能力の幅が広がる．

反復処理を，for文を用いて行う場合の書式は以下である．

```
for ( カウンタの初期値; 反復の条件; カウンタの増減  )
{
        反復の条件に適合した場合の処理（繰り返す処理）;
}
```

exam8-3-1：初項1，公差3の等差数列a_nがある．a_n={1,4,7,10,・・・・}．この数列の一般項の初項から第100項までを表示し，さらにこの数列の和も算出して表示する．

プログラム作成の構想：exam8-3-1

前節までの例題と比べると，突然難しくなったと感じる人もいるかもしれないが，そんなことはない．問題が数学らしくなったことに衝撃を受けているだけで，よく考えてみるとわかるはずである．等差数列とは，ある一定数分（公差と言う）増えていくか，あるいは減っていくかの数列である．初項は一番初めの数字なので，初項1，公差10の数列は，{1,11,21,31,41,・・・・}であり，初項10，公差−2の数列は{10,8,6,4,2,・・・・}となる．前節で作成した掛け算の3の段のプログラムは，言い換えれば初項3，公差3（3ずつ増えていくので）の数列で，それを初項から第9項まで表示したと同じことで，本プログラムではそれを最初から順に100項まで表示せよということとなる．最後の数列の和であるが，これも例題ですでに作成しているプログラムである．exam8-1-2では，貯金額を入力して合計金額が1万円になるまで繰り返すプログラムを作成したが，数列の和とは数列の合計である．「金額」という言葉がついていないだけで，算出する数列の項を順番に空の容器に入れていく作業をすることなので，本質的な違いはない．

反復の条件：初項から第100項まで表示するので，100回繰り返す条件になる．

反復する処理：公差3，つまり3を加算する処理を繰り返す．初項から100項まで画面に表示するので，その処理も繰り返さなければならない．最後に数列の和（合計）を算出しなければならないので，空の容器（変数）をあらかじめ用意して，算出していく項を足していく処理も必要である．もちろん，繰り返しの回数を数える処理も必要である．

プログラムソースファイルの作成：exam8-3-1

```
 1 #include<stdio.h>
 2 main()
 3 {
 4         int ippankou = 1;
 5         int suuretu_wa = 0;
 6         int count;
 7 
 8         for ( count = 1; count <= 100; count = count + 1 )
 9         {
10                 printf("%d¥t",ippankou);
11                 suuretu_wa = suuretu_wa + ippankou;
12                 ippankou = ippankou + 3;
13         }
14         printf("この数列の和は%dです",suuretu_wa);
15 }
```

プログラム文の解説：exam8-3-1

4行目：数列の一般項を代入する変数を作成する．初項が1なので1を代入しておく（読者の方は，1を代入した場合，ブロック記号内の式をどういう順序にするべきかイメージできるだろうか．ちなみに-2を代入することもありだと思うが，それだとどうすべきかも予想できるだろうか）．

5行目：数列の和（合計）を算出するために，空の（0を代入）変数を用意しておく．

6行目：変数countを作成する（これが繰り返しの回数を数える変数である）．for文の書式の説明にカウンタという言葉を用いたので名前をcountにした．つまり，これまでの例題の変数kaisuと同じ役割を持つ変数であり，countに名前が変わっただけである．

8行目：for文を記述する．forの記述後，続けてカッコ内にカウンタの初期値，反復の条件，カウンタの増減を順に記述する．カウンタとは繰り返しの回数を数える変数のことで，6行目の変数countを意味する．そして，6行目で変数countに値を代入しなかったのは，for文のカッコ内で初期値を代入するからである．初期値の記述後セミコロンで区切り，繰り返しすなわち反復の条件を記述する．これはwhile文の場合のカッコ内に記述する文と同じである．そして，セミコロンに続いて最後はカウンタの増減，つまり繰り返し処理（ブロック記号内の処理）を1回行う度に変数countの値をどうするかを記述する．初期値をcount =1として繰り返しの条件をcount <= 100としたが，今までの例題どおりcount = 0として繰り返しの条件をcount < 100としても同じ結果になるので，自身が理解しやすい方を選択すれば良い．

for文をもう一度整理してみよう．while文と比較してみるとわかりやすいと思うので，本プログラムをwhile文で記述してみるとどうなるか考えてみよう．

<while文で記述する場合>

```
1         int count = 1;
2 
3         while ( count <= 100 )
4         {
5                 他の処理文;
6                 count = count + 1;
7         }
```

<for文で記述する場合>

```
1        int count;
2
3        for ( count = 1; count <= 100; count = count + 1 )
4        {
5                他の処理文;
6        }
7
```

両者を比較すると，よりはっきりする．while文を用いて記述しようとするならば，while文に入る前にカウンタの初期値を代入し，カウンタの増減を繰り返す処理をブロック記号内に記述することになるが，for文ではこれらをすべてforのカッコ内に記述することになる．for文ではカッコ内にカウンタの初期値，繰り返しの条件，カウンタの増減を記述しなければならないので，while文で繰り返しの回数を制御する際に，ブロック記号内に記述すべき，カウンタの増減を制御する式の書き忘れがないというメリットがある．加えて，プログラムが長くなる場合に，C言語では変数の作成（宣言）を一番最初に行わなければならない決まりであるので[1]，カウンタの変数に何が代入されているか，あるいは何も代入されていないかを，プログラム文の前に戻って確認する必要がなく，for文を記述する際に決めることができるメリットもある．

9 ～ 13行目：繰り返す処理を記述する．一般項の初期値を1としているので，画面に表示する，あるいは数列の和を算出する前に，3を加算する処理を行うと，第2項からの処理となってしまう．つまり処理の順番は，1.一般項を画面に表示する処理，2.数列の和を算出する処理，3.一般項に3を加算する処理（1と2は前後逆でも構わない），となる．

14行目：初項から第100項までの和は1つしか存在しないので，繰り返す必要はない．したがってfor文の外で1行だけ結果を表示する文を記述する．

プログラムの実行：exam8-3-1

```
C:¥myprogram>exam8-3-1
1       4       7       10      13      16      19      22      25      28
31      34      37      40      43      46      49      52      55      58
61      64      67      70      73      76      79      82      85      88
91      94      97      100     103     106     109     112     115     118
121     124     127     130     133     136     139     142     145     148
151     154     157     160     163     166     169     172     175     178
181     184     187     190     193     196     199     202     205     208
211     214     217     220     223     226     229     232     235     238
241     244     247     250     253     256     259     262     265     268
271     274     277     280     283     286     289     292     295     298
この数列の和は14950です
```

図8.3.1　exam8-3-1の実行結果

for文はカウンタの初期値，反復の条件，カウンタの増減をカッコ内に記述するので，繰り返しの回数を制御するプログラムに特化した文であると言える．もちろん，繰り返しの回数によって条件制御をしない場合であっても（例えば，合計がある値になるまでといった条件でも），for文を用いて繰り返しを行っても構わない（後に例題を示す）．カウンタの値を使用

1）第４章の４節（4.4）を読み返してほしい．

しないのであれば，非効率的であるという反論があるかもしれないが，初めてプログラミングを学ぶ人はあまり気にせずに自由に考えてプログラムを作成してほしい．

exam8-3-2：次の数列a_n={1,2,4,7,11,・・・・}を初項から第50項まで表示する．

プログラム作成の構想：exam8-3-2

まず，繰り返しの規則性を見出すことにしよう．1の次は2，その次は4，・・・・となっていてすぐには規則性がわからないかもしれないが，1→2（1増加），2→4（2増加），4→7（3増加），・・・となっていることがわかる．つまり，増加する数が1，2，3，・・・となっている数列であることがわかる（数学で言うならば階差数列に規則性がある数列）．このような数列にどう対処したら良いか考えてみよう．例えばn=n+5の式を繰り返すと，処理される度にnに5が加算される．ただし，本問題の数列は増加する数が一定ではなく変化しているので，このような式では対応できない．ならば，加算するものを数字ではなく変数にしたらどうなるか．変数xを用いて，n=n+xを繰り返すと，繰り返す度にnに変数xが加算される．これと同時にxの値を変化させるならば，繰り返しの度に加算する数字を変えることができるはずである．

反復の条件：初項から第50項まで表示する（50回繰り返す）．

反復する処理：一般項を画面に表示する．加えて一般項に増加する数を加算する．そして，増加する数は1ずつ増えているので，増加する数に1を加算する．

プログラムソースファイルの作成：exam8-3-2

```
 1 #include<stdio.h>
 2 main()
 3 {
 4         int ippankou = 1;
 5         int zouka = 1;
 6         int count;
 7 
 8         for ( count = 1; count <= 50; count = count + 1 )
 9         {
10                 printf("%d¥t",ippankou);
11                 ippankou = ippankou + zouka;
12                 zouka = zouka + 1;
13         }
14 }
```

プログラム文の解説：exam8-3-2

4行目：一般項を代入する変数を作成する．初項が1なので1を代入しておく．

5行目：n=n+2のような式では一定の数しか加算できないので，n=n+xのような変数を加算する式にするために加算する変数zoukaを作成して，初項→第2項は1増加するので1を代入しておく．

6行目：繰り返しの回数を数える変数countを作成する．

8行目：50回繰り返すという条件であるので，カウンタの初期値は1，繰り返しの条件を

50以下，カウンタの増減は1ずつ増やす．

9～13行目：一般項を画面に表示する．その後，一般項に変数zouka（初期値は1）を加算する．最後に変数zoukaに1を加算することによって，次の繰り返しでは変数zoukaは2になり，一般項に2が加算されることになるはずである．

プログラムの実行：exam8-3-2

```
C:¥myprogram>exam8-3-2
1       2       4       7       11      16      22      29      37      46
56      67      79      92      106     121     137     154     172     191
211     232     254     277     301     326     352     379     407     436
466     497     529     562     596     631     667     704     742     781
821     862     904     947     991     1036    1082    1129    1177    1226
```

図8.3.2　exam8-3-2の実行結果

本プログラムにおいては，わかりやすいように変数zoukaを加算することで数列を作成したが，変数countも同じように増加しているので変数countを加算するプログラムでも構わない．

少しずつ問題の難易度が上がってきているが，冷静に分析するとわからないことはないので根気よく考えてほしい．反復処理に対する理解力は，どの程度の時間それに接してきたか，加えて様々な繰り返しのパターンをどの程度経験してきたかによるところがあるので，なるべくより多くの処理を経験してほしい．

8.4 プログラムの記述を簡略化できる演算子

プログラムには記述方法を簡略化する演算子が多数存在する．本節ではそれらを紹介したい．

前節で作成したプログラムのように，プログラムにおいては繰り返しの回数を制御するアルゴリズムがよく用いられる．その際に記述するのがn=n+1という式であり，nが1増加するという意味を持つことはすでに学んだとおりである．プログラムではこの式がよく使われるため，n++と簡略した表記形がある（++をインクリメント演算子と呼ぶ）．nと++の間，および+と+の間に隙間を空けてはいけないことになっているので注意してほしい．また，同じようにn=n-1の式についてもn--という簡略表記形がある（--をデクリメント演算子と呼ぶ）（**表8.4.1**）．

表8.4.1　インクリメント演算子とデクリメント演算子

表記法	意味
n++	n=n+1（nが1増加する）
n--	n=n-1（nが1減少する）

これらはnが1増加する，あるいは1減少する時のみ表記可能である[2]．例えばnが2増加する場合は同じような表記を用いることはできない（誤りの例：n++2など）．n=n+2と式を記述するか，あるいは後に紹介する代入演算子を用いる．

2）これらの演算子を，変数の前に表記する場合と変数の後に表記する場合では意味が異なるが，初めてプログラミングを学ぶ人にとっては知らなくても問題ないので割愛する．

exam8-4-1：任意に整数aとbを入力し，引き算を繰り返すことによってaからbを引くことができる回数（引くことによって負になってしまう場合は引けないこととする）を算出する．

プログラム作成の構想：exam8-4-1

今までの問題と感じが違うので，少し難しく思うかもしれない．しかし，初めに詳細に分析することが重要である．例えばaに10を入力してbに2を入力したならば，10−2=8，8−2=6，6−2=4（ここまでで引くことのできた回数は3），・・・・aからbを引く（差をそのまま次のaにする）処理を繰り返すことになる．繰り返しの回数を調べる処理についてはこれまでの問題で経験済みだから，繰り返しの回数を調べることがそのまま引くことのできる回数となる．本プログラムでは，何回繰り返すかは不明なので，繰り返しの回数を制御する条件にするわけにはいかない．for文を用いるが，繰り返しの回数を制御することを条件としないプログラムにする．

反復の条件：引かれる数から引く数を引けなくなるまで（負になるまで）繰り返す．

反復する条件：aからbを引く作業を繰り返す．引く回数を調べる処理についてはfor文内にて行う．

プログラムソースファイルの作成：exam8-4-1（誤っているプログラム）

```
1  #include<stdio.h>
2  main()
3  {
4          int hikareru_kazu,hiku_kazu,count;
5  
6          printf("整数aを入力して下さい");
7          scanf("%d",&hikareru_kazu);
8          printf("整数bを入力して下さい");
9          scanf("%d",&hiku_kazu);
10 
11         for ( count = 0; hikareru_kazu > 0; count++ )
12         {
13                 hikareru_kazu = hikareru_kazu - hiku_kazu;
14         }
15         printf("引くことのできる回数は%dです",count);
16 }
```

プログラム文の解説：exam8-4-1

4行目：整数aを代入する変数（hikareru_kazu）と整数bを代入する変数（hiku_kazu），繰り返しの回数を数える変数countを作成する．

6～9行目：整数aおよびbの値を入力する．

11行目：for文を記述する．countの初期値を0として，処理（つまり，引く作業が行われる）が繰り返される度に1増える（簡略表記のcount++）とする．条件については繰り返しの回数で制御できないので，引かれる数が負になるまでとする．

12～14行目：繰り返す処理は$a=a-b$という式とする．$n=n+x$という式と同様に，繰り返すと右辺のaからbが減算され，左辺のaは新しいaになる．次の繰り返しの際の右辺のaの値はbが減算された新しいaである．

15行目：繰り返した回数（変数countの値）が引くことができた回数と同じであるので，変数countの値を表示する．

プログラムの実行：exam8-4-1（3通りの試行：a=50, b=10の時, a=50, b=8の時, a=50, b=60の時）

```
C:¥myprogram>exam8-4-1
整数aを入力して下さい50
整数bを入力して下さい10
引くことのできる回数は5です
C:¥myprogram>exam8-4-1
整数aを入力して下さい50
整数bを入力して下さい8
引くことのできる回数は7です
C:¥myprogram>exam8-4-1
整数aを入力して下さい50
整数bを入力して下さい60
引くことのできる回数は1です
```

図8.4.1　exam8-4-1の実行結果

実行結果を確認するとわかると思うが，a=50，b=10を代入した場合には正しい結果となったが，a=50でb=8の場合，引くことのできる回数は6とならなければならないはずだが，7となっている．同じように，a=50，b=60の場合も1度も引くことはできないはずであるが，1と表示されている．なぜこのような動作になってしまったのだろうか．

こういった場合は，簡単な数字で考えてみると良い．例えばaに3を入力してbに2を入力してみたとする．3>0なので繰り返しの条件に適合して，3−2が行われてhikareru_kazuは1となる．次の繰り返し処理では，1>0に適合するのでもう一度減算されてしまって繰り返しは2となる．これでわかると思うが，hikareru_kazu > 0という条件が誤っているのである．では，どういう条件が正しいのだろうか．

exam8-4-2：exam8-4-1をデバッグする．

プログラム作成の構想：exam8-4-2

正しい条件とは何かについて，よく考えてほしい．

プログラムソースファイルの作成：exam8-4-2（修正箇所の11行目のみ抜粋）

```
11          for ( count = 0; hikareru_kazu >= hiku_kazu; count++ )
```

プログラム文の解説：exam8-4-2

11行目：例えば，aに3を入力してbに2を入力した場合，3−2=1となるため，これ以上減算してはいけない．一方，aに4を入力してbに2を入力した場合，4−2=2でもう一度減算する必要がある．つまり，減算される残りの数がb以上だったら引いても良く，bより小さい数であれば引いてはいけないという条件にしなければならない．このデバッグについては，できれば自分でたどり着いてほしい解答である．

プログラムの実行：exam8-4-2（exam8-4-1と同じ3通りの試行）

正しい結果を得ることができた．簡略表記のcount++を用いたが，便利さを感じることができたと思う．変数が1増える式はよく使うので，簡略表記を覚えておくと便利である．他に，本プログラムにおいて注目してほしい部分がある．それは，実行結果でa=50，b=60においてcountの値は0となったことである．4行目で変数countに値を何も入れていない，かつ繰り返し処理は一度も処理されていないにも関わらず，countの値は0となっている．つまり，for文

```
C:¥myprogram>exam8-4-2
整数aを入力して下さい50
整数bを入力して下さい10
引くことのできる回数は5です
C:¥myprogram>exam8-4-2
整数aを入力して下さい50
整数bを入力して下さい8
引くことのできる回数は6です
C:¥myprogram>exam8-4-2
整数aを入力して下さい50
整数bを入力して下さい60
引くことのできる回数は0です
```

図8.4.2　exam8-4-2の実行結果

内の繰り返し処理は1度も実行されていないが，条件判定だけは実行されるので，for文のカッコ内におけるカウンタの初期値である0が変数countに代入されたのである．前でも述べたが，プログラムが完成した後も，冷静にプログラムを分析することは重要であるので忘れないでほしい．

exam8-4-3：任意に正の整数xを入力して（0以下の値は入力しないものとする），xの階乗を算出する．階乗とは，$x!=x\times(x-1)\times(x-2)\times\cdots\times2\times1$のことである．つまり，例を挙げるならば，3の階乗は$3!=3\times2\times1$であり，5の階乗は$5!=5\times4\times3\times2\times1$となる．

プログラム作成の構想：exam8-4-3

本問題については，プログラムに慣れていないと難しく感じると思うが，分析することから始めよう．まず，乗算を繰り返さなければならないことはわかるだろう．さらに，かける数が1ずつ減っていくという規則性がある．そして乗算の終了は1をかけて終了するので，かける数が0より大きい時に繰り返すのだろうか，ということも予想できる．

そして，次のように考えると良い．例えば，5から1までの数を次々に加算して合計を算出するプログラムを考えてみよう．これまでの学習で理解できると思うが，$x=x+a$の式（初期値$x=0$，$a=5$）の式を繰り返して，その際に変数aを1ずつ減らせば良いことになる．では，5から1までの数を次々に乗算する場合はどうなるだろうか．同じように考えれば，$x=x\times a$の式を繰り返せば良いことになる．ただし，加算とは大きく異なる点がある．合計を算出する加算の場合は$x=x+a$のxの初期値は0にしなければならないが，$x=x\times a$のxの初期値も同じように0だろうか．0に何をかけても，何回繰り返しても0にしかならないので0ではいけないことにも気づくと思う．本プログラムを，$3!=3\times2\times1$ととらえるのではなく，$3!=1\times2\times3$と考えても良いが，今回は前者のアルゴリズムのプログラムを考えてみる．

反復の条件：乗算する数が0より大きい時までとなる．

反復する処理：乗算する処理，すなわち$x=x\times a$の処理となる．ただし，乗算する数を1ずつ減らさなければならない．

プログラムソースファイルの作成：exam8-4-3

```
1  #include<stdio.h>
2  main()
3  {
4          int nyuuryoku,count;
5          int kaijo = 1;
6
7          printf("階乗を計算します¥n正の整数を入力して下さい");
8          scanf("%d",&nyuuryoku);
9
10         for ( count = nyuuryoku; count > 0; count-- )
11         {
12                 kaijo = kaijo * count;
13         }
14         printf("%dの階乗は%dになります",nyuuryoku,kaijo);
15
16 }
```

プログラム文の解説：exam8-4-3

4行目：キーボードから入力する整数を代入する変数と繰り返しの回数を制御する変数を作成する.

5行目：$x=x\times a$ の式の x にあたる変数kaijoを作成する．ただし，説明したように初期値が0ではうまくいかないので，乗算であることをふまえて初期値を1としておく.

7～8行目：キーボードから任意に正の整数（自然数）を入力する.

10行目：カウンタの初期値に入力した整数の値を代入する．なぜなら，例えば5を入力した場合，$5\times4\times3\times2\times1$ となるので，5回繰り返すことになるからである（最後の×1については無意味だと思うかもしれないが，そう思う方は省くようにしても構わない[3]）．カウンタの初期値を入力した値とするので，カウンタの増減は1回処理する度に1ずつ減らす．繰り返しの条件は1ずつ減らしたカウンタが正であるならば（×1まで）繰り返すという条件となる.

11～13行目：$x=x\times a$ の処理を繰り返して，1ずつ減っていく変数countを乗算する.

14行目：演算結果を表示する.

プログラムの実行：exam8-4-3

```
C:¥myprogram>exam8-4-3
階乗を計算します
正の整数を入力して下さい5
5の階乗は120になります
```

図8.4.3　exam8-4-3の実行結果

for文のさらなる理解と経験を深めるために，あえてこのようなプログラムを作成したが，なぜ入力した値をカウンタに渡すような面倒な作業をするのかという声が出て当然と思う．どういうことかわかるだろうか．次のプログラムを見てほしい.

3）繰り返しの条件をcount>0ではなくcount>1にすれば良い.

exam8-4-4：exam8-4-3をよりシンプルなわかりやすいアルゴリズムのプログラムにする．

プログラム作成の構想：exam8-4-4

for文を用いて作成するのではなく，while文を用いたプログラムにしてみよう．

プログラムソースファイルの作成：exam8-4-4

```
1  #include<stdio.h>
2  main()
3  {
4          int nyuuryoku,shokiti;
5          int kaijo = 1;
6  
7          printf("階乗を計算します¥n正の整数を入力して下さい");
8          scanf("%d",&nyuuryoku);
9  
10         shokiti = nyuuryoku;
11 
12         while ( nyuuryoku > 0 )
13         {
14                 kaijo = kaijo * nyuuryoku;
15                 nyuuryoku--;
16         }
17         printf("%dの階乗は%dになります",shokiti,kaijo);
18 
19 }
```

プログラム文の解説：exam8-4-4

for文ではなくwhile文で階乗のプログラムを作成した．for文のプログラムと異なる点は，入力した値をカウンタに渡すことなく，そのまま1ずつ減らして階乗を計算している点である．この方がわかりやすいアルゴリズムであろう．しかし，printf()で「○の階乗は」と画面に表示するためには，キーボードに入力した値が必要であるが，キーボードに入力した値は反復処理で減ってしまう．このため，新たな変数を用意して，あらかじめ入力した値をその変数shokitiに保存しておくことにした（10行目)．exam8-4-3と比較するとわかるが，while文とfor文はそれぞれの良い部分があるので，その場合に応じて使い分けていただきたい．

プログラムの実行：exam8-4-4（exam8-4-3と同じなので省略）

プログラミングにおいては，このプログラムが正解であるということはないので，初めてプログラミングをする方は，いろいろなプログラムに接して自由に発想することが重要である．例えば，本プログラムでは「○の階乗は」の○の部分を表示する際に，変数nyuuryokuの値が反復処理の過程で減ってしまい，初めに入力した値が保持されないので，あらかじめ変数shokitiにストックしておいたが，そんな面倒なことをせずにどうにかできないだろうか．

exam8-4-5：入力した値を変数にストックせずにうまく表示したい.

プログラム作成の構想：exam8-4-5

ちょっとした発想の転換である. 難しくはないので考えてみてほしい.

プログラムソースファイルの作成：exam8-4-5

```
1  #include<stdio.h>
2  main()
3  {
4          int nyuuryoku;
5          int kaijo = 1;
6  
7          printf("階乗を計算します¥n正の整数を入力して下さい");
8          scanf("%d",&nyuuryoku);
9  
10         printf("%dの階乗は",nyuuryoku);
11 
12         while ( nyuuryoku > 0 )
13         {
14                 kaijo = kaijo * nyuuryoku;
15                 nyuuryoku--;
16         }
17         printf("%dになります",kaijo);
18 
19 }
```

プログラム文の解説：exam8-4-5

10行目：変数nyuuryokuの値は，while文に処理が進んでしまうと値が変わってしまうので，順次処理の法則を考慮してwhile文に進む前に画面に表示するようにした.

プログラムの実行：exam8-4-5 (exam8-4-3および8-4-4と同じなので省略)

なんだそんなことかと思われた方もいると思うが，プログラミングは様々な発想に接することが大きな経験となるので，本プログラムを経験値としてとらえてくれたら幸いである.

これまでの学習で，インクリメント演算子やデクリメント演算子を用いて，n=n+1はn++，n=n−1はn−−と簡略表記できたが，例えばインクリメント演算子を用いてn=n+2を記述することはできない. しかし，代入演算子という演算子を用いると簡略な表記が可能である（**表8.4.2**）. 以下で紹介しておくが，必ず覚えて使わなければならないということではない.

表8.4.2　代入演算子の種類

=	右辺の値を左辺に代入
+=	もともとの左辺の値に右辺の値を加算した値を左辺に代入
−=	もともとの左辺の値を右辺の値で減算した値を左辺に代入
*=	もともとの左辺の値に右辺の値を乗算した値を左辺に代入
/=	もともとの左辺の値を右辺の値で除算した値を左辺に代入
%=	もともとの左辺の値を右辺の値で割った余りを左辺に代入

代入演算子を用いると$n=n+2$という式は$n+=2$と記述できることになる．しかしながら，プログラミングでは，記号をどれだけ駆使して使えるかが本来の目的ではなく，アルゴリズムをどう考えるかであるので，自身がわかりづらいと思うのであれば，そのまま$n=n+2$という式を使うことで構わない[4]（本書でも，以降はイコール以外の代入演算子を用いない）．新しい記号や命令にとらわれるとプログラミング本来の発想や考え方を習得する機会を逃がしてしまうことがあるので，代替の表記法が存在する場合は，新しい記号や命令を使うことについてはそれほど気にしなくても良い．これに関連することとして，次のプログラムを取り上げたい．

exam8-4-6：5回繰り返して，任意に整数を入力する．その5回のうちに5を入力したら「当たり」として，繰り返しの途中でも入力を終了する．5回すべての入力において5の入力がない場合は「はずれ」とする．繰り返しを強制的に脱出する命令はbreakである．

プログラム作成の構想：exam8-4-6

さすがに5行もscanf()を記述するのは大変なので，繰り返し処理を用いて入力することにしよう．5を入力したら「当たり」なので，分岐処理が必要となることが予想できる．また，反復処理の途中で5が入力されたら，処理を変えなければならないので，反復処理の中に分岐処理があるという処理のネスト（入れ子）が必要になる．「当たり」となった場合，そのままの状態では繰り返しを抜けることは不可能であるので（scanf()が実行される），breakを使って繰り返しから抜けることにする．問題は「はずれ」をどう表示するかであるが，for文の中に置くif文のelse節で「はずれ」を表示させせようとするならば，5を入力しなかった場合に毎回「はずれ」と表示されてしまう．ならば，5回繰り返して「当たり」じゃなかったら「はずれ」なのだから，繰り返し終了後にprintf()で表示すれば良いと考えてしまうが，単にprintf()を記述したのでは「当たり」で抜け出た後も順次処理の法則でprintf()が処理されるので，「当たり」と「はずれ」両方表示されてしまう．こういった場合，前章のexam7-5-3で学習したflag（フラグ：目印）の考え方で工夫してみよう．

反復の条件：5回繰り返す．ただし，途中で5が入力された場合は繰り返しをやめることにする．

反復する処理：整数を入力する．ただし，繰り返しの中で分岐処理を行わなければならない．

4）例えば，インクリメント演算子を用いた方が処理が速いといったことがあるが，初めてプログラミングを学ぶ人はあまり気にしなくても良い．

プログラムソースファイルの作成：exam8-4-6

```
 1 #include<stdio.h>
 2 main()
 3 {
 4         int nyuuryoku,count;
 5 
 6         for ( count = 1; count <= 5; count++ )
 7         {
 8                 printf("整数を入力して下さい:%d回目",count);
 9                 scanf("%d",&nyuuryoku);
10 
11                 if ( nyuuryoku == 5 )
12                 {
13                         printf("当たり");
14                         break;
15                 }
16         }
17         if ( nyuuryoku != 5 )
18         {
19                 printf("はずれ");
20         }
21 }
```

プログラム文の解説：exam8-4-6

4行目：scanf() で入力する値を代入する変数と繰り返しのカウンタ変数を作成する.

6行目：5回繰り返すので，カウンタの初期値を1とし，条件は5以下の時とする.

8～9行目：scanf() で入力する.

11～15行目：分岐処理を行う．5が入力された場合，「当たり」と画面に表示してbreakで反復処理から抜け出す.

17～20行目：5が入力された場合は「はずれ」と表示してはいけないので，5以外だったら「はずれ」と表示するようにする.

プログラムの実行：exam8-4-6 (当たりの場合とはずれの場合)

```
C:¥myprogram>exam8-4-6
整数を入力して下さい:1回目6
整数を入力して下さい:2回目5
当たり
C:¥myprogram>exam8-4-6
整数を入力して下さい:1回目4
整数を入力して下さい:2回目6
整数を入力して下さい:3回目2
整数を入力して下さい:4回目8
整数を入力して下さい:5回目7
はずれ
```

図8.4.4　exam8-4-6の実行結果

本プログラムでは，for文とif文の入れ子の例を提示したかった意図はもちろんあるが，繰り返しを抜け出すbreakという新しい命令を用いたことが大きなポイントである．しかし，breakという新しい命令を覚えたことにより，今後，繰り返しを抜け出る場合はbreak一辺倒になるかもしれない．ただ，前プログラムの解説でも書いたが，新しい命令や記号を覚えると，それを使うことが先になってしまい，プログラムをどう発想して作成しようかと思考することがおろそかになってしまう場合がある．では，新しい命令や記号を使うことが先になってしまうことが，具体的にどういうことか次のプログラムで確かめてみよう.

exam8-4-7：exam8-4-6をbreakの命令を用いずに作成する.

プログラム作成の構想：exam8-4-7

breakという命令に頼らずに反復処理から抜け出すにはどうしたら良いかを，解決する方法を見つけてほしい．繰り返しの条件はcount<=5であるので，5以下の時に繰り返す処理である．そうであるならば，繰り返しの条件に当てはまらない状態にすれば，必然的に繰り返しが終了するはずである．

プログラムソースファイルの作成：exam8-4-7（変更箇所のif文の部分のみ抜粋：11～15行目）

```
11  if ( nyuuryoku == 5 )
12  {
13          printf("当たり");
14          count = 6;
15  }
```

プログラム文の解説：exam8-4-7

14行目：breakの代わりに，変数countに6を代入する．

プログラムの実行：exam8-4-7（exam8-4-6と同じなので省略）

breakという命令を知らなくても，ちょっとした発想の転換で解決できた[5]．例えば，分岐処理にはif文の他にswitch～case文があり，反復処理にはdo～while文もあるが，本書では取り上げていない．なぜなら，これらは他の文で代替可能であり，初めて学ぶ人は無理して学ぶ必要はないからである．プログラミングではさまざまな文や命令，記号をどれだけ使えるかが重要ではなく，問題に対してどう考えて解決するかが第一に重要であることを感じてほしい．さまざまな文や命令を用いてプログラムを駆使することは，経験を十分に積んだ次のステップと考えれば良い．次のプログラムでも発想の訓練をしてほしい．

exam8-4-8：exam8-4-7の「当たり」と「はずれ」の表示をすべてfor文内のif文で処理をする.

プログラム作成の構想：exam8-4-8

プログラミングでは，ある課題が出た時にどう解決するかを考えることが自分の力になるので，知恵を振り絞ることは重要である．まずは，if文について考えてみる．exam8-4-6の解説でも書いたが，if～elseのelse節は条件に適合しない場合にはすべて処理されるので，else節に「はずれ」を入れることができない（5回入力した時，5回「はずれ」が表示されてしまう）．ただ，別の視点で考えてみると，5を入力した場合はfor文から抜け出るので，5回繰り返されてしまった場合は5が1度も入力されなかった「はずれ」になるわけである．つまり，countが5になった時は必ず「はずれ」になる．この点に注目して，countに対する条件を，else if文で記述すれば解決できそうである．

5）もちろんbreakを用いなければうまく処理できない場合もある．そのためbreakという命令が存在することも心にとめておいてほしい．

プログラムソースファイルの作成：exam8-4-8

```
1  #include<stdio.h>
2  main()
3  {
4          int nyuuryoku,count;
5
6          for ( count = 1; count <= 5; count++ )
7          {
8                  printf("整数を入力して下さい:%d回目",count);
9                  scanf("%d",&nyuuryoku);
10
11                 if ( nyuuryoku == 5 )
12                 {
13                         printf("当たり");
14                         count = 6;
15                 }
16                 else if ( count == 5 )
17                 {
18                         printf("はずれ");
19                 }
20         }
21 }
```

プログラム文の解説：exam8-4-8

16～19行目：else if文を加えて，countの値が5になった時に「はずれ」とする．

プログラムの実行：exam8-4-8（exam8-4-6と同じなので省略）

exam8-4-6～exam8-4-8のように，同じ結果をもたらすプログラムでも1つの正解のプログラムは存在しない．多種多様のアルゴリズムがあることを知っておこう．また，何度も繰り返すが，プログラムは完成したことが終了ではなく，そのプログラムに対して考察することが自らのレベルを上げることにつながるので，忘れないでほしい．

8.5 反復処理のネスト(入れ子)

徐々にプログラムの難易度が上がってきたので，プログラミングに対して難しく感じ始めている方もいると思う．プログラミングのレベルの上達に必要な要素は以下の2つである．

1. 論理的に考えて納得する努力をする（自らがプログラムの納得できない部分をそのままにしない）．
2. さまざまなパターンのプログラムに接して経験を重ねる．

この2つが重要であるので，そのステップととらえて最後まであきらめずに努力を重ねてほしい．

さて，本節では反復処理の中にさらに別の反復処理があるネスト（入れ子）の処理の手順を解説したい．if文の中にif文があるようなネストは比較的理解しやすいが，繰り返しの中に繰り返しがあるネストについては理解しにくい．最も簡単な二重の繰り返しを取り上げて，できるだけ詳細に解説する．

複数のfor文のネストを身近な例で例えるならば，ある探し物をする場合を考えてみたら良い．タンスの引き出しの中に探し物があり，それを探さなければならなかったとするならば，次の作業をしなければならない（**図8.5.1**）．

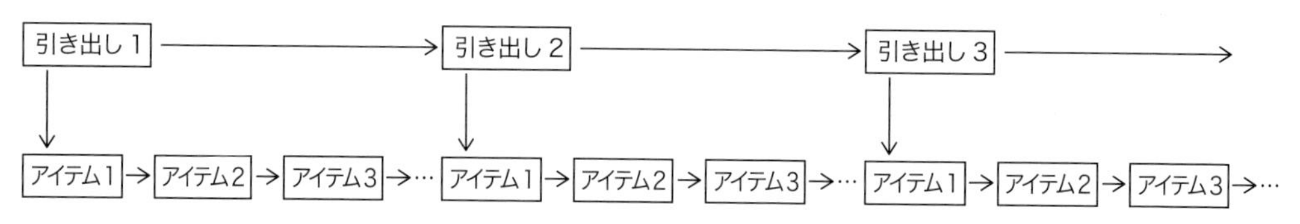

図8.5.1　2重の繰り返しのアルゴリズム

まず，引き出し1を開けて，アイテム1→2→3→・・・と探す．それが終わったら引き出し2を開けてアイテム1→2→3→・・・と探す．それが終わったら引き出し3の作業に入る．これら一連の作業を分析すると，引き出しを開ける作業とアイテムを探す作業が繰り返されていることがわかる．つまり，反復処理が2種類存在している．この作業をプログラムで表現するならば，引き出しを開ける作業は外側の繰り返しとなり，アイテムを探す作業が内側の繰り返しとなる．次のプログラムで確認してみよう．

exam8-5-1：タンスの引き出しを開けて，アイテムを検索する過程をプログラムで表現する．すなわち，引き出し1の検索→アイテム1の検索→アイテム2の検索→・・・→引き出し2の検索→アイテム1の検索→・・・と画面に表示する．ただし，引き出しは5段あり，検索アイテムは3個とする．

プログラム作成の構想：exam8-5-1

二重の繰り返しを学習しよう．上で説明したように，引き出しを開ける（検索する）処理とアイテムを検索する処理を繰り返すが，外側の繰り返しが引き出しを開ける処理で，中の（内側）の繰り返しがアイテムを検索する処理となる．

反復の条件：引き出し1～5段まで繰り返し，アイテム1～3個まで繰り返す．

反復する処理：引き出しの段数を画面に表示する．加えて検索アイテム数も表示する．

プログラムソースファイルの作成：exam8-5-1

```
1  #include<stdio.h>
2  main()
3  {
4          int hikidasi,item;
5
6          for ( hikidasi = 1; hikidasi <= 5; hikidasi++ )
7          {
8                  printf("引き出し%dの検索¥n",hikidasi);
9
10                 for ( item = 1; item <= 3; item++ )
11                 {
12                         printf("アイテム%dの検索¥n",item);
13                 }
14         }
15 }
```

プログラム文の解説：exam8-5-1

4行目：引き出しを表す変数hikidasiと引き出しの中のアイテムを表す変数itemを作成する.

6行目：引き出しを巡回する繰り返しを行う. 引き出しは1段から5段までである. 外側の繰り返しになるが, 外側の繰り返し処理に戻る（次の外側の繰り返しを行う）ためには, 内側の繰り返しがすべて終了しなければならない.

8行目：画面に引き出しの段数を表示する.

10～13行目：アイテムの検索のための繰り返しを行う. アイテムは1～3個まで, 検索アイテム番号を表示する.

プログラムの実行：exam8-5-1

```
C:¥myprogram>exam8-5-1
引き出し1の検索
アイテム1の検索
アイテム2の検索
アイテム3の検索
引き出し2の検索
アイテム1の検索
アイテム2の検索
アイテム3の検索
引き出し3の検索
アイテム1の検索
アイテム2の検索
アイテム3の検索
引き出し4の検索
アイテム1の検索
アイテム2の検索
アイテム3の検索
引き出し5の検索
アイテム1の検索
アイテム2の検索
アイテム3の検索
```

図8.5.2　exam8-5-1の実行結果

このプログラムをきっかけに, 二重の繰り返しの感覚をつかもう. 外側と内側の繰り返しが存在する場合, 外側の処理を繰り返すためには, 内側の繰り返しが終了しないと外側の繰り返し処理に戻ることができないことを覚えておこう. 本プログラムは1つのタンスの引き出し内のアイテムを検索することを想定したプログラムであるが, ここで質問をしたい. もしタンスが複数あり, それらの引き出し内のアイテムを検索しなければならないとしたら, どういうプログラムになるだろうか. 答えは三重の繰り返しである. 一番外側の繰り返しがタンスの検索, 二番目の内側の繰り返しが引き出しの検索, 最も内側にある三番目の繰り返しがアイテムの検索となる. 複数の繰り返しに対する考え方は難しいが, 慣れることが重要であるので今は難しいと感じたとしても努力してほしい.

さて, 今回のプログラムでは5つの引き出しのアイテム3個を検索することを想定したが, 引き出し1はアイテム3個であるが, 引き出し2はアイテム4個になり, 引き出し3になればアイテム5個になるというように, 引き出しが増える度に検索しなければならないアイテムが1個ずつ増えるとしたら, どういうプログラムにしなければならないか. 次の例で考えてほしい.

exam8-5-2：exam8-5-1のプログラムにおいて, 次の引き出しに進む度に, 検索するアイテムの個数が1個増えるようなプログラムにする. 加えて, exam8-5-1ではすべてにわたって改行を行ったが, 本プログラムでは1つの引き出しに含まれるアイテムの検索を終わった段階で改行を行うようにする（引き出し毎の改行にする）.

プログラム作成の構想：exam8-5-2

1つ目の変更点である引き出しが1つ進む度にアイテムが1ずつ増えることに対しては, これまでの学習ができている方であれば, 想像できると思う. item <= 3という繰り返しの条

件では何度やっても3個しか検索できないことになるので，3という決まった整数ではなく，変わりうる数字の変数にしなければいけない．そして，その変数を1ずつ増やさなければならないので，どこで増やすかがポイントとなる．2つ目の変更点である改行に関しては，引き出し毎の改行を行うにはどこで改行すれば正しいかを考える必要がある．

プログラムソースファイルの作成：exam8-5-2

```
1  #include<stdio.h>
2  main()
3  {
4          int hikidasi,item;
5          int kosuu = 3;
6
7          for ( hikidasi = 1; hikidasi <= 5; hikidasi++ )
8          {
9                  printf("引き出し%dの検索",hikidasi);
10
11                 for ( item = 1; item <= kosuu; item++ )
12                 {
13                         printf("アイテム%dの検索",item);
14                 }
15                 kosuu++;
16                 printf("¥n");
17         }
18 }
```

プログラム文の解説：exam8-5-2

5行目：アイテム個数が変化することに対応できるように，変数kosuuを作成して初期値の3（検索個数は3個から）を代入する．

9行目と13行目：改行記号を削除する．

11行目：繰り返しの条件をitem <= 3からitem<=kosuuに変更する．

15行目：1つの引き出しの検索が終わると，アイテムが1つ増えるようにしなければならないので，1つの引き出しのアイテムの検索がすべて終わる内側の繰り返し処理が終わった後に，kosuuを1増加させるようにする．

16行目：同様に改行も引き出し毎の改行にしなければならないので，内側の繰り返しが終わった後に改行する．

プログラムの実行：exam8-5-2

```
C:¥myprogram>exam8-5-2
引き出し1の検索アイテム1の検索アイテム2の検索アイテム3の検索
引き出し2の検索アイテム1の検索アイテム2の検索アイテム3の検索アイテム4の検索
引き出し3の検索アイテム1の検索アイテム2の検索アイテム3の検索アイテム4の検索アイ
テム5の検索
引き出し4の検索アイテム1の検索アイテム2の検索アイテム3の検索アイテム4の検索アイ
テム5の検索アイテム6の検索
引き出し5の検索アイテム1の検索アイテム2の検索アイテム3の検索アイテム4の検索アイ
テム5の検索アイテム6の検索アイテム7の検索
```

図8-5-3　exam8-5-2の実行結果

二重の繰り返しに関するアルゴリズムについて，徐々に理解が深まってきたと思う．では，より実際的なプログラムでさらに練習を重ねてみよう．

exam8-5-3：任意に正の整数を入力して（0以下を入力することは考えない：無視して良い），その階乗の結果を表示する．ただし，1から入力した整数までのすべての階乗の結果を表示する．例えば，3を入力した場合，1の階乗，2の階乗，3の階乗の結果を表示する．5を入力した場合は，1の階乗，2の階乗，3の階乗，4の階乗，5の階乗の結果を表示する．

プログラム作成の構想：exam8-5-3

数学的な問題になると突然難しくなるように感じるが，exam8-5-1のように引き出しとアイテムの関係で考えるならば，この問題は図のように分析できる（**図8.5.4**）．

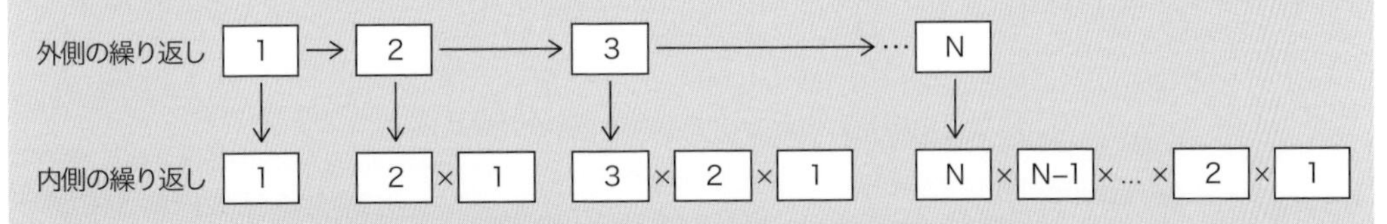

図8.5.4　exam8-5-3のアルゴリズム

exam8-5-1の引き出しとアイテムの関係の図と似ている．外側の繰り返しが何で，内側の繰り返しが何かがわかる．そして，外側の繰り返しの条件は入力した数字以下，内側の繰り返しの条件は外側の繰り返しの値以下になることが理解できる．階乗の算出についてはすでに学習しているので，何とか作成できるのではないだろうか．

プログラムソースファイルの作成：exam8-5-3

```
1  #include<stdio.h>
2  main()
3  {
4          int kaijo = 1;
5          int nyuuryoku,count1,count2;
6  
7          printf("階乗を算出します¥n正の整数を入力して下さい");
8          scanf("%d",&nyuuryoku);
9  
10         for ( count1 = 1; count1 <= nyuuryoku; count1++ )
11         {
12                 for ( count2 = count1; count2 > 0; count2-- )
13                 {
14                         kaijo = kaijo * count2;
15                 }
16                 printf("%dの階乗は%dです¥n",count1,kaijo);
17                 kaijo = 1;
18         }
19 }
```

プログラム文の解説：exam8-5-3

4行目：階乗を算出するための変数kaijoを作成する．本章で，階乗を算出するプログラムはすでに学んでいるのでわかると思うが，この変数の初期値は1にしなくてはならない．

5行目：入力する値を代入する変数，外側の繰り返しを制御する変数count1および内側の繰り返しを制御する変数count2を作成する．

7～8行目：キーボードから値を入力する.

10行目：外側の繰り返しを制御する. 図でわかるように, 初期値は1で繰り返すための条件は入力した値以下の時に繰り返して, カウンタを1ずつ増やす.

12行目：階乗の演算のための繰り返しを行う. 初期値は外側の繰り返しの値, 繰り返し条件は0より大きい場合, カウンタを1ずつ減らすとする.

13～15行目：階乗の演算を行う.

16行目：算出した階乗の値を画面に表示する.

17行目：反復処理が入れ子になる場合, この作業を忘れてしまいがちなので注意してほしい. 変数kaijoの値をそのままにしておくと, 例えば, 2の階乗を算出した後に変数kaijoは2になるが, 次の繰り返しの3の階乗を算出する際に, 演算式通りに進むと3の階乗は変数kaijoの2×count1の3=6→6×2=12→12×1=12となってしまう. 階乗の演算を行う度に, 変数kaijoの値をリセット（デフォルト（初期状態）である初期値に戻す）しなければならない.

プログラムの実行：exam8-5-3

```
C:¥myprogram>exam8-5-3
階乗を算出します
正の整数を入力して下さい8
1の階乗は1です
2の階乗は2です
3の階乗は6です
4の階乗は24です
5の階乗は120です
6の階乗は720です
7の階乗は5040です
8の階乗は40320です
```

図8.5.5　exam8-5-3の実行結果

プログラムとしては難易度が高くなり, 処理も複雑化してきている. ここまで来るとプログラムソースファイルの丸写しをしてしまいがちであるが, そうならないように, プログラムがどういうアルゴリズムで処理を行っているのかを自らが理解する作業を忘れないでほしい. そうしなければ, プログラミングの能力は上がらない. 次のプログラムで本章の総仕上げを行う.

exam8-5-4：$e=1+\frac{1}{1!}+\frac{1}{2!}+\frac{1}{3!}+\frac{1}{4!}+\cdots+\frac{1}{n!}$ がある（n!はnの階乗）. 初項1, 第2項を$\frac{1}{1!}$, 第3項を$\frac{1}{2!}$とする数列の合計が自然対数eに収束することを示す. 初項の和, 次は初項と第2項との和というように, 徐々に自然対数eに近づくことをシミュレーションする（第10項までの和までとする）.

プログラム作成の構想：exam8-5-4

これまで学習した要素がすべて盛り込まれている. 階乗の算出, 合計の算出, 二重の繰り返し等だが, これまでの知識を総動員して, 自身で完成させることができるように努力してほしい.

プログラムソースファイルの作成：exam8-5-4

```
1  #include<stdio.h>
2  main()
3  {
4          int kaijo = 1;
5          double ippankou;
6          double goukei = 1.0;
7          int count1,count2;
8
9          for ( count1 = 1; count1 <= 10; count1++ )
10         {
11                 printf("第%d項までの和は%.14fです¥n",count1,goukei);
12                 for ( count2 = count1; count2 > 0; count2-- )
13                 {
14                         kaijo = kaijo * count2;
15                 }
16                 ippankou = 1.0 / kaijo;
17                 goukei = goukei + ippankou;
18                 kaijo = 1;
19         }
20 }
```

プログラム文の解説：exam8-5-4

4行目：階乗を算出するための変数を作成する．

5行目：一般項（1/階乗）を算出するための変数を作成する．

6行目：数列の和（合計）を算出するための変数を作成する．本プログラムの初項の1については，本来ならば1/0!の1であるが，プログラムでは0の階乗を算出できない．したがって和を算出する変数に0を入れずに初項の1をあらかじめ入れておくことにする．

7行目：二重の繰り返しを制御するカウンタ変数を作成する．

9行目：外側の繰り返しは，初項から第10項までである．

11行目：和を算出する変数に，あらかじめ初項の値1を代入している．内側の繰り返しでは階乗の演算（第2項から）を行うので，階乗を算出する前に和の値を画面に表示するようにする．

12～15行目：階乗を算出するための内側の繰り返しを行う．

16行目：一般項（1/階乗）を算出する．整数同士の演算による切り捨ての発生を避けることを忘れないようにしてほしい．

17行目：数列の和を算出する．

18行目：exam8-5-3で学習したように，変数kaijoをリセット（デフォルト値へ戻す）することを忘れないでほしい．

プログラムの実行：exam8-5-4

```
C:¥myprogram>exam8-5-4
第1項までの和は1.00000000000000です
第2項までの和は2.00000000000000です
第3項までの和は2.50000000000000です
第4項までの和は2.66666666666667です
第5項までの和は2.70833333333333です
第6項までの和は2.71666666666667です
第7項までの和は2.71805555555556です
第8項までの和は2.71825396825397です
第9項までの和は2.71827876984127です
第10項までの和は2.71828152557319です
```

図8-5-6　exam8-5-4の実行結果[6]

初めてプログラミングを学習する人にとって，反復処理は初めての難関であり，ここでつまづいてしまう人が多いため，本章では例題をできるだけ多く盛り込んだ．これでも決して十分だとは思わないが，章末の演習問題も行い，反復処理に対する理解と慣れを深めてほしい．

8.6 演習問題

1カ月に2万5千円貯蓄したとする．総貯蓄額が100万円に達するまで何カ月かかるかを算出するプログラムを，繰り返し処理を用いて作成せよ．ファイル名はtest8-1.

```
C:¥exam>test8-1
40ヶ月目に1000000円貯蓄できます
```

次の数列がある．A_n={2, 6, 10, 14,…}．この数列の初項から第50項までを表示し，第50項までの和を算出するプログラムを作成せよ．test8-2.

```
C:¥exam>test8-2
2       6       10      14      18      22      26      30      34      38
42      46      50      54      58      62      66      70      74      78
82      86      90      94      98      102     106     110     114     118
122     126     130     134     138     142     146     150     154     158
162     166     170     174     178     182     186     190     194     198
この数列の和は5000です
```

次の数列がある．A_n={0.2, 0.4, 0.6,…}．この数列の和が250以上になる時の一般項を算出するプログラムを作成せよ．ファイル名はtest8-3.

```
C:¥exam>test8-3
この数列の和が250以上になる時の一般項は10.0です
```

次の数列がある．A_n={500, 498, 495 , 491, 486,…}．この数列の和が負の値になる時の一般項を算出するプログラムを作成せよ．ファイル名はtest8-4.

```
C:¥exam>test8-4
この数列の和が負になる時の一般項は-984です
```

6) ただし丸め誤差が発生している：第11章3節参照(p163).

任意に正の整数xとyを入力する（0以下の数字の入力は考えなくても良い）．xのy乗の値を算出するプログラムを作成せよ．ただし関数pow()は使用してはならない．ファイル名はtest8-5.

```
C:¥exam>test8-5
xのy乗を算出します
xを入力して下さい3
yを入力して下さい3
xのy乗は27です
```

Q 8-6

任意に初項a_0，公差dを入力して（整数とする），等差数列を作り出す．これらに加えて，当該数列の第何項まで表示するかを入力することによって，入力した項までの一般項を表示するプログラムを作成せよ．ファイル名はtest8-6.

```
C:¥exam>test8-6
初項を入力して下さい1
公差を入力して下さい5
第何項まで表示しますか30
1       6       11      16      21      26      31      36      41      46
51      56      61      66      71      76      81      86      91      96
101     106     111     116     121     126     131     136     141     146
```

Q 8-7

次の数列がある．$A_n=\{1,\ 3,\ 7,\ 13,\ 21,\cdots\}$．この数列の初項から第50項までを表示して，かつこれらの和も表示するプログラムを作成せよ．ファイル名はtest8-7.

```
C:¥exam>test8-7
1       3       7       13      21      31      43      57      73      91
111     133     157     183     211     241     273     307     343     381
421     463     507     553     601     651     703     757     813     871
931     993     1057    1123    1191    1261    1333    1407    1483    1561
1641    1723    1807    1893    1981    2071    2163    2257    2353    2451
この数列の和は41700です
```

Q 8-8

次の数列がある．$A_n=\{2,\ -5,\ 8,\ -11,\ 14,\ -17,\cdots\}$．この数列の初項から第50項までを表示して，かつこれらの和も表示するプログラムを作成せよ．ファイル名はtest8-8.

ヒント 初項2，公差3の数列にマイナスをかけることを繰り返すと，プラスマイナス交互に現れることになる．

```
C:¥exam>test8-8
2       -5      8       -11     14      -17     20      -23     26      -29
32      -35     38      -41     44      -47     50      -53     56      -59
62      -65     68      -71     74      -77     80      -83     86      -89
92      -95     98      -101    104     -107    110     -113    116     -119
122     -125    128     -131    134     -137    140     -143    146     -149
この数列の和は-75です
```

次の数列がある．A_n={0, 1, 1, 2, 3, 5, 8,… }．この数列は初項0，第2項1，第3項以降は前々項＋前項となる数列であり，フィボナッチ数列と呼ぶ．この数列の第30項まで表示するプログラムを作成せよ．ファイル名はtest8-9.

```
C:¥exam>test8-9
0       1       1       2       3       5       8       13      21      34
55      89      144     233     377     610     987     1597    2584    4181
6765    10946   17711   28657   46368   75025   121393  196418  317811  514229
```

ライプニッツの公式を用いて，徐々にそれがπに近づくことをシミュレーションするプログラムを作成せよ.ライプニッツの公式は次式で示される.$\pi=4(\frac{1}{1}-\frac{1}{3}+\frac{1}{5}-\frac{1}{7}+\frac{1}{9}-\cdots)$．この式の第1000項までの和を算出することをシミュレーションする．ファイル名はtest8-10.

(初項の和～)

```
C:¥exam>test8-10
4.000000        2.666667        3.466667        2.895238        3.339683
2.976046        3.283738        3.017072        3.252366        3.041840
3.232316        3.058403        3.218403        3.070255        3.208186
3.079153        3.200366        3.086080        3.194188        3.091624
3.189185        3.096162        3.185050        3.099944        3.181577
3.103145        3.178617        3.105890        3.176065        3.108269
3.173842        3.110350        3.171889        3.112187        3.170158
3.113820        3.168615        3.115281        3.167229        3.116597
```

(～第1000項までの和)

```
3.142633        3.140553        3.142631        3.140555        3.142629
3.140557        3.142627        3.140560        3.142625        3.140562
3.142623        3.140564        3.142620        3.140566        3.142618
3.140568        3.142616        3.140570        3.142614        3.140572
3.142612        3.140574        3.142610        3.140576        3.142608
3.140578        3.142606        3.140581        3.142604        3.140583
3.142602        3.140585        3.142600        3.140587        3.142598
3.140589        3.142596        3.140591        3.142594        3.140593
```

「+」の記号1文字を繰り返すことによって，以下の模様を描き出すプログラムを作成せよ.ファイル名はtest8-11.

ヒント 二重の繰り返しを用いる.

＋

＋＋

＋＋＋

＋＋＋＋

＋＋＋＋＋

```
C:¥exam>test8-11
+
++
+++
++++
+++++
```

前問と同じように,「+」の記号１文字で以下の模様を描き出すプログラムを作成せよ. ファイル名はtest8-11.

```
+
++
+++
++++
+++++
++++
+++
++
+
```

```
C:¥exam>test8-12
+
++
+++
++++
+++++
++++
+++
++
+
```

50円を, 50円と10円, 5円, 1円で置き換える場合, 何通りの組み合わせがあるかを調べるプログラムを作成せよ. ファイル名はtest8-13.

```
C:¥exam>test8-13
50円    10円    5円     1円
0       0       0       50
0       0       1       45
0       0       2       40
0       0       3       35
0       0       4       30
0       0       5       25
0       0       6       20
0       0       7       15
0       0       8       10
0       0       9       5
0       0       10      0
0       1       0       40
```

```
0       3       0       20
0       3       1       15
0       3       2       10
0       3       3       5
0       3       4       0
0       4       0       10
0       4       1       5
0       4       2       0
0       5       0       0
1       0       0       0
組み合わせの数は37です
```

第9章 1元配列

変数を数多く作成しなければならない場合を考えよう．例えば1000個のデータを入力後，処理しなければならないケースがあるとする．1000回入力しなければならないとなると，入力作業は反復処理で行うとしても，入力する値を代入する変数を用意しなければならない．すなわち，

```
int a1,a2,a3,a4,a5,・・・・・・・・・,a999,a1000;
```

のように，変数を作成しなければならないことになる．変数を作成する記述だけでもかなりの作業である．
また，C言語におけるデータ型charを思い出してほしい．データ型のcharは文字型であり，charとして定義した変数には文字を代入できる．しかしながら，代入できる文字はアルファベットのような半角1文字のみである．例えば，char型の変数には「ABC」を代入できない．なぜなら「ABC」は文字ではなく文字列だからである．当然のことながら，全角文字「あ」も変数に代入できない．なぜなら半角ではない全角(半角2文字分の文字列)だからである．C言語では全角文字を扱うことができないのだろうか．
これらの問題を解決するために用意されているのが1元配列である．1元配列は，言わばたくさんの変数の塊である．本章では1元配列を学ぶことにしよう．

9.1 1元配列のイメージ

変数はある値(整数，小数，文字)が入る1軒の家のようなものである．これに対して，1元配列は平屋建ての集合住宅のようなものであり，それぞれの部屋に値が入ることができる．

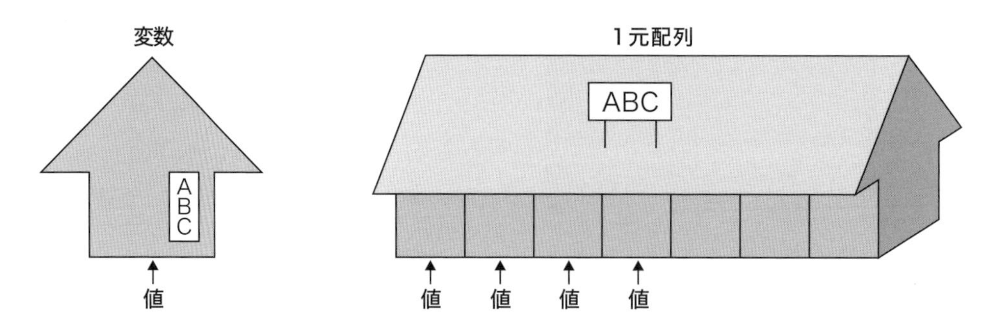

図9.1.1　変数と1元配列のイメージ

変数の場合は，データ型を決めてそれ自体に名前をつけて使用する（**図9.1.1左**）．これに対して，1元配列は集合住宅全体のデータ型を決め，それ全体の名前をつけることで使用する（**図**

9.1.1右）．ただし，1つの問題がある．1元配列にはたくさんの値が入るので，1元配列の名前を指したところでその中のどの値を使用するのかわからない．このため1元配列の部屋には番地がつけられており（添字（そえじ）と言う），その番地を指して1元配列の中のどれを指すのか決めることになっている．わかりやすく言えば，集合住宅の名前とその中の何号室の部屋なのかを指示することになる．ただしわれわれの世界では通常1号室，2号室，・・・・というような部屋番号がついているのが通常であるが，コンピュータの世界では1から始まらずに，0から始まるので0号室，1号室，…という順番になる（**図9.1.2**）．

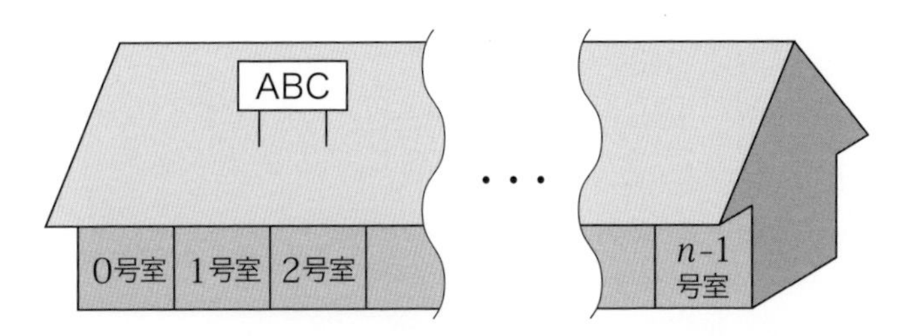

図9.1.2　1元配列の住所（番地）

実はこの点で1元配列の扱いは若干面倒である．つまり，5部屋あったとすると部屋番号は0号室から4号室までである．部屋数が10の場合，部屋番号は9号室までである．何でもないことのように思うが，実際にプログラミングを行う場合にこのことを忘れてしまう場合があるので注意してほしい．また，時々，1元配列を変数と異なる別次元のもののようにとらえてしまう場合があるが，本質は変数と同じである．もちろん扱いやすさ等の違いはあるが，1元配列の部屋1つ1つは独立したものであり，変数が2つあっても2部屋からなる1元配列が1つあっても意味は同じであると考えよう．

9.2 1元配列の作成（定義）と値の代入（初期化）

1元配列を作成（定義）するには以下のように行う．

```
データ型名　1元配列名[部屋の個数]
```

部屋の個数については，より専門的な言葉で言えば配列数となるが，集合住宅内の部屋の数は何個あるかを記述すると思えば良い．配列名については，数字から始まる名前をつけることができない等の規則は変数と同様である．

exam 9-2-1：部屋数4の1元配列を作成後，値を代入して画面に表示する．

プログラム作成の構想：exam9-2-1

1元配列の作成および値の代入を学習してみよう．

プログラムソースファイルの作成：exam9-2-1

```
1  #include<stdio.h>
2  main()
3  {
4          int hairetu[4];
5
6          hairetu[0] = 15;
7          hairetu[1] = 5;
8          hairetu[2] = -3;
9          hairetu[3] = 2.3;
10
11         printf("%d¥t%d¥n",hairetu[0],hairetu[1]);
12         printf("%d¥t%f",hairetu[2],hairetu[3]);
13 }
```

プログラム文の解説：exam9-2-1

4行目：部屋数4の1元配列を作成する．

6～9行目：1元配列に値を代入する処理である．部屋数が4なので，0号室から3号室までであり，それぞれの部屋に値を代入するには配列の番地を指定して行う．注目してほしいのは9行目で，見本のプログラム文であえて小数を代入した．どうなるだろうか．

11～12行目：横の長さの都合上，画面に表示する命令を2行にした．1行にしても問題はない．

プログラムの実行：exam9-2-1

```
C:¥myprogram>exam9-2-1
15      5
-3      0.000000
```

図9.2.1 exam9-2-1の実行結果

前で述べたように，1元配列の表記方法が特殊であるので変数とは異なる存在に感じてしまうが，本質は変数と同じである．ただ名前に部屋番号がついているだけである．大カッコ([ ])の中に入る数字については注意が必要であり，1元配列を作成した時に大カッコの中に入る数字は部屋数(配列数)を示している．しかし，部屋数が記述されるのは作成した時のみであり，それ以降のプログラム文ではカッコの中には部屋番号（配列番号）を示す数字しか入らない．例えば，部屋数4の1元配列を扱う場合，4の数字が記述されるのは配列の作成時のみであり，それより下のプログラム文では4の数字が入ることはなく，部屋番号の0～3の数字しか入りえないことを覚えておいてほしい．

1元配列は集合住宅のようなものであるが，データ型はその集合住宅全体につけられたものである．したがって，整数型の集合住宅に小数を入れて扱うことはできない．実行結果のように%fの変換指定子であってもデータ型がintであるので正しく表示されない．変換指定子に%dを用いると，2.3が切り捨てられて2と表示されてしまう．

本プログラムは，1元配列の作成と配列への値の代入方法を学習するために作成したので触れなかったが，実は1元配列にはそれ特有の扱いやすさがある．次のプログラムで学習してみよう．

exam9-2-2：次の10個のデータがある．{5,21,18,32,12,44,24,17,9,30}．これらのデータを1元配列に代入して，すべてのデータを画面に表示する．

プログラム作成の構想：exam9-2-2

exam9-2-1では用いなかったが，1元配列の利便性は反復処理で簡単に扱える点にある．反復処理を用いたプログラムを作成してみることにする．

プログラムソースファイルの作成：exam9-2-2

```
 1 #include<stdio.h>
 2 main()
 3 {
 4         int data[10] = {5,21,18,32,12,44,24,17,9,30};
 5         int count;
 6 
 7         for ( count = 0; count <= 9; count++ )
 8         {
 9                 printf("%d¥t",data[count]);
10         }
11 }
```

プログラム文の解説：exam9-2-2

4行目：部屋数10の1元配列を作成する．この時，同時にイコールを記述してブロック記号内に数値を記述すると，1元配列に値をまとめて代入できる．exam9-2-1のように，部屋番号を指定して個別に値を代入することもできるが，あらかじめ値がわかっている場合には，プログラム文のように記述して値を代入すると省力化できる．値はカンマで区切り，左から順に0号室の値，1号室の値，…となる．

5行目：反復処理を制御するカウンタ変数を作成する．

7行目：for文を用いて反復処理を行う．カウンタの初期値は0，反復の条件は9以下の場合，繰り返す度にカウンタ変数を1増やすことにする．なぜなら，部屋数（配列数）10の1元配列の部屋番号は0から始まって9で終わるからである．

8～10行目：画面に表示する処理を反復しなければならないのでprintf()を記述するが，printf()内にはdata[count]というように，配列名と大カッコを記述しなければならない．そして，1元配列の[]の中には数字だけではなく，変数を入れても構わないことに気付いただろうか．カウンタ変数は0から9まで自動で変わるので，これで1元配列内の値をすべて簡単に表示できることになる．

プログラムの実行：exam9-2-2

```
C:¥myprogram>exam9-2-2
5       21      18      32      12      44      24      17      9       30
```

図9.2.2　exam9-2-2の実行結果

10個のデータをそれぞれ変数に代入して，画面に表示するプログラムにしなければならないことを考えてほしい．最初に10個の変数を作成して値を代入，次にprintf()内に%dを10回記述して，10個の変数を記述する．それと比べると，1元配列を用いた方がかなり省力化できることがわかる．10個のデータで実感できないならば，1000個のデータの場合を想像してほしい．1000個のデータを表示するのに，たった1行のprintfを繰り返すだけで可能である．ところで，1元配列の[ ]内に変数を記述しても良いということは，繰り返しを次のプログラムのようにしても構わないということになる．

exam9-2-3：exam9-2-2のプログラム文をカウンタ変数の初期値を1，繰り返しの条件を10以下として，同じ実行結果になるようにする．

プログラム作成の構想：exam9-2-3

部屋の住所は0号室から始まるのに，カウンタを1から開始してしまってはと思うが，1元配列においても自由に発想できることを学習しよう．

プログラムソースファイルの作成：exam9-2-3（変更箇所のfor文のみ抜粋：7～10行目）

```
7          for ( count = 1; count <= 10; count++ )
8          {
9                printf("%d¥t",data[count-1]);
10         }
```

プログラム文の解説：exam9-2-3

7行目：カウンタの初期値を1，繰り返しの条件を10以下の時とする．

9行目：1元配列の[ ]内をcount−1とする．こうすれば，カウンタの初期値が1からであっても部屋番号0から画面に表示することが可能になる．もちろん，別の変数を新たに用意してcount−1の値を代入し，それを[ ]内に入れても良い．

プログラムの実行：exam9-2-3（exam9-2-2と同じなので省略）

[ ]内に変数を入れても良いので，1元配列を処理する際に自由度が増え，様々なことができるとわかったと思う．

9.3 1元配列を用いたプログラム

前節において1元配列の作成（定義）方法と値の代入（初期化）方法を学習した．本節ではより実際的な1元配列を用いたプログラムを作成してみよう．

exam9-3-1：次の10個のデータがある（exam9-2-2やexam9-2-3のデータと同じ）．{5,21,18,32,12,44,24,17,9,30}．これらのデータの合計値と平均値を算出する．

プログラム作成の構想：exam9-3-1

これまで学習した方法と同様に，合計値は空の容器（変数）を用意して，それに繰り返し加算していくことで算出し，平均は合計をデータ個数で割ることによって算出する．

プログラムソースファイルの作成：exam9-3-1

```
1  #include<stdio.h>
2  main()
3  {
4          int data[10] = {5,21,18,32,12,44,24,17,9,30};
5          int count;
6          int goukei = 0;
7          double heikin;
8
9          for ( count = 0; count <= 9; count++ )
10         {
11                 printf("%d¥t",data[count]);
12                 goukei = goukei + data[count];
13         }
14         heikin = (double)goukei / count;
15         printf("のデータの合計値は%dで平均値は%fです",goukei,heikin);
16 }
```

プログラム文の解説：exam9-3-1

4行目：1元配列を作成して値を代入する．

5行目：1元配列を処理するためのカウンタ変数を用意する．

6行目：合計値を代入するための変数を用意して，空（値が0）にしておかなければならないので，0を代入しておく．

7行目：平均値を代入するための変数を用意する．平均値の算出は除算が必要なので，データ型を小数型にしておく．

9～13行目：繰り返し処理を用いて，データ値の表示および合計値の算出のための演算を行う．

14行目：平均値を算出するための演算を行う．もちろんデータ個数の10で割っても構わないが，ちょうどカウンタ変数の値が10になっているので，変数countで除算することにする．ただし，変数goukeiは整数型，変数countも整数型なので，整数同士の除算をすることになり，このためデータ型のキャストを行うことにする（データ型のキャストについては第5章で説明している）．

15行目：合計値と平均値を画面に表示する．

プログラムの実行：exam9-3-1

```
C:¥myprogram>exam9-3-1
5       21      18      32      12      44      24      17      9       30
のデータの合計値は212で平均値は21.200000です
```

図9.3.1　exam9-3-1の実行結果

様々なパターンの問題を解くことによって，徐々に1元配列に慣れていくと思うので，次の問題も挑戦してほしい．

exam9-3-2：次のデータがある（個数は10）．{1,4,10,19,31,46,64,85,109,136}．これらのデータの並びは数列になっていて，階差数列（数列における隣同士の項の差からなる数列：例えば初項と第2項の差は3，第2項と第3項の差は6なので，階差数列は3,6,・・・．）に規則性があるので，その階差数列（隣同士の項の差からなる数列）を算出する．

プログラム作成の構想：exam9-3-2

階差数列とは初項と第2項の差，第2項と第3項の差，第3項と第4項の差…の数列であるので，隣同士の差を算出する演算式を繰り返せば良いことになる．隣同士の差なので，1元配列で考えるならば，1号室−0号室，2号室−1号室…を繰り返せば良い．

プログラムソースファイルの作成：exam9-3-2

```
1  #include<stdio.h>
2  main()
3  {
4          int data[10] = {1,4,10,19,31,46,64,85,109,136};
5          int count,kaisa;
6  
7          printf("階差数列は¥n");
8          for ( count = 0; count <= 8; count++ )
9          {
10                 kaisa = data[count+1] - data[count];
11                 printf("%d¥t",kaisa);
12         }
13 }
```

プログラム文の解説：exam9-3-2

4行目：個数10の1元配列を作成して値を代入する．

5行目：繰り返しの回数を制御する変数と，算出した階差を代入する変数を作成する．

7行目：「階差数列は」と画面に表示する．この文を繰り返しの中に入れると，この表示を繰り返すことになるので，繰り返しを行う前に記述しておく．

8行目：カウンタ変数の初期値を0として，カウンタが8以下の時に繰り返す．1元配列の部屋数は10個で9号室までなので，条件は9以下と思うかもしれない．詳細は10行目で解説したい．

10行目：1号室−0号室を算出し，次は2号室−1号室とならなければいけないので，それを実現するために[count+1]号室−[count]号室という演算式にする．ただ，この式で繰り返しの条件をカウンタが9以下とすると，繰り返しの最後には10号室−9号室になってしまう．10号室は存在しないので，その1つ手前の9号室-8号室で終了するために，カウンタの条件は8以下としなければならない．

11行目：計算結果を表示する．

プログラムの実行：exam9-3-2

```
C:¥myprogram>exam9-3-2
階差数列は
3       6       9       12      15      18      21      24      27
```

図9.3.2　exam9-3-2の実行結果

同じような難易度の次の問題も解いてほしい.

exam9-3-3：初項0，第2項1で，第3項以降が前項＋前々項となる数列{0,1,1,2,3,5,・・・}をフィボナッチ数列と言う．この数列を1元配列に代入して（第3項以降はプログラムに代入させる），初項から第20項までを画面に表示する．

プログラム作成の構想：exam9-3-3

初項と第2項については代入しなければならない．その上で第3項以降は前項＋前々項の規則に従って，第3項=第2項＋第1項，第4項=第3項＋第2項,・・・・を繰り返す．exam9-3-2と似たパターンである．気付いたかもしれないが，本プログラムは前章の演習問題と同じ問題である．1元配列を用いると簡単に作成できる．

プログラムソースファイルの作成：exam9-3-3

```
1  #include<stdio.h>
2  main()
3  {
4          int fib[20];
5          int count;
6
7          fib[0] = 0;
8          fib[1] = 1;
9
10         for ( count = 2; count <= 19; count++ )
11         {
12                 fib[count] = fib[count-1] + fib[count-2];
13         }
14
15         for ( count = 0; count <= 19; count++ )
16         {
17                 printf("%d¥t",fib[count]);
18         }
19 }
```

プログラム文の解説：exam9-3-3

4行目：配列数20の1元配列を作成する．

5行目：カウンタ変数を用意する．

7～8行目：初項0と第2項1についてはあらかじめ代入しなければならない．

10行目：第3項からの値をプログラムに代入させる．第3項から第20項までなので，部屋番号は2号室から19号室までとなり，カウンタの初期値は2で繰り返しの条件はカウンタが19以下となる．

12行目：前項＋前々項であるので，部屋番号は[count−1]号室と[count−2]号室となる．

15～18行目：フィボナッチ数列を初項から第20項まで画面に表示する．10行目のfor文節で画面に表示しても構わないが，初期値が2なのでうまく処理できない（画面にすべてを表示できない）．しかし，for文の前に0号室と1号室の値のみprintf()で表示する文を記述すればうまく表示できる．

プログラムの実行：exam9-3-3

```
C:¥myprogram>exam9-3-3
0       1       1       2       3       5       8       13      21      34
55      89      144     233     377     610     987     1597    2584    4181
```

図9.3.3　exam9-3-3の実行結果

次の問題では，難易度をさらに上げ，二重の繰り返しを用いなければならない問題を取り上げる．

exam9-3-4：1日の気温のデータ（整数）を任意に入力して，その気温分だけ＊の記号を表示する．つまり，5を入力した場合は横1列に＊＊＊＊＊と表示する．ただし，入力するのは1週間分（7日分）を1元配列に代入するものとする．

プログラム作成の構想：exam9-3-4

二重の繰り返しの問題になる．繰り返しが一重でも二重でも同じだが，何を繰り返さなければならないかを正確に判断する必要がある．本例題で繰り返される処理は2つある．1つ目は1日目→2日目→・・・・を入力する処理である．入力数が多いので1元配列を利用すると良い．2つ目は入力した値分だけ＊の記号を繰り返して表示する処理である．ただし，1日目の気温の＊の個数を繰り返した後，2日目の気温の＊の個数を繰り返し…となるので，1日目→2日目→を表示する処理が外側の繰り返しで，1日分の＊を繰り返して表示する作業が内側の繰り返しとなるだろう．

プログラムソースファイルの作成：exam9-3-4

```
 1 #include<stdio.h>
 2 main()
 3 {
 4         int kion[7];
 5         int count,nisuu,kion_kaisuu;
 6 
 7         for ( count = 0; count <= 6; count++ )
 8         {
 9                 printf("%d日目の入力",count+1);
10                 scanf("%d",&kion[count]);
11         }
12 
13         for ( nisuu = 0; nisuu <= 6; nisuu++ )
14         {
15                 for ( kion_kaisuu = kion[nisuu]; kion_kaisuu > 0; kion_kaisuu-- )
16                 {
17                         printf("*");
18                 }
19                 printf("¥n");
20         }
21 }
```

プログラム文の解説：exam9-3-4

4行目：7日分の入力なので配列数7の1元配列を作成する．

5行目：データ値を入力する繰り返しを制御するカウンタ変数のcountと，画面に表示する二重の繰り返しを処理するための外側の繰り返し（日にちの繰り返し）を制御するカウンタ変数 nisuu と内側の繰り返し（＊の繰り返し）を制御するカウンタ変数 kion_kaisuu を作成する．

7 ～ 11行目：1元配列への入力作業を繰り返す．配列番号は0号室から6号室まで入力する．入力の際，わかりやすいように画面に「○日目の入力」と表示するが，0号室に1日目のデータの入力をするためにカウンタ変数より1増やすことにする．プログラム文のように printf() 内に演算式を記述しても構わない．

13行目：外側の繰り返しは1日目→2日目→となるので，配列番号の0から6までである．

15行目：内側の繰り返しは＊の表示を入力した値分だけ表示する処理である．入力した値は1元配列に代入されているので，カウンタの初期値を1元配列に入力した値，カウンタを1ずつ減らし，カウンタが0より大きい場合に繰り返す．もちろん，初期値を1としてカウンタを1ずつ増やして，1元配列に入力した値以下で繰り返すとしても同じである．

17行目：反復する処理は＊の表示のみである．

19行目：1日分の＊を表示した後に改行したいので，改行記号だけ入れておく．

プログラムの実行：exam9-3-4（札幌市の3月の気温を入力した）

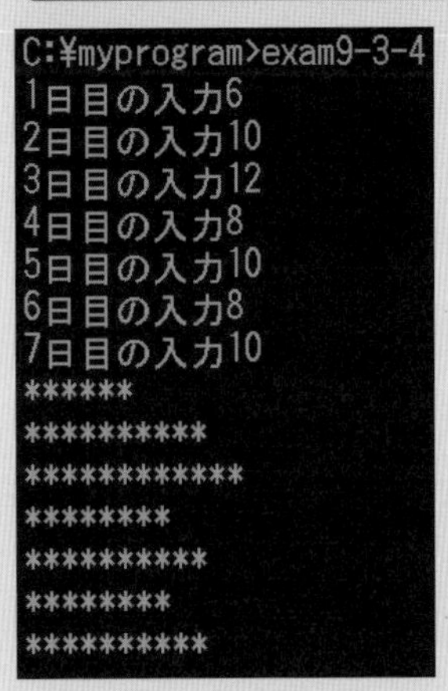

```
C:¥myprogram>exam9-3-4
1日目の入力6
2日目の入力10
3日目の入力12
4日目の入力8
5日目の入力10
6日目の入力8
7日目の入力10
******
**********
************
********
**********
********
**********
```

図9.3.4　exam9-3-4の実行結果

プログラム構造が複雑になると難しさが増すが，誤解しないでほしいのは1元配列を用いることによって難しさが増したのではなく，本例題では二重の繰り返し処理を行わなければならなくなったので，難易度が上がったのである．しかしながら，これを1元配列ではなく変数を用いて行わなければならないとしたら，どうなるか考えてほしい．言うまでもなく，かなり長いプログラムになってしまうはずである．この点で1元配列が存在する意味を理解できると思う．

9.4　並び替え（ソーティング）のアルゴリズム

例えば，ランダムに並んでいる数字があり，それらを値の小さいものから順に並び替えたい時にどうするか．これはプログラミングの分野でよく研究されてきた課題である．並び替えのアルゴリズムが何の役に立つのかと思うかもしれないが，実は読者の方は身近に接していると思う．例えば，インターネット上の検索サイトでキーワードを入力すると，そのキーワードに合致したサイト（リンク先）が順に現れる．ブラウザを閉じて，また同じキーワードで検索してみるとまた同じ順に現れる．これは，検索して現れるサイトは決してランダムに出てくるのではなく，ある決まったアルゴリズムによって並び替えられていることを意味している．このように，プログラムの分野では並び替えのアルゴリズムは重要であるとともに，どういうアルゴリズムであれば処理速度が速くなるか等についての研究もさかんに行われてきている．

本節では，最も基本的で有名な並び替えのアルゴリズムである交換法を紹介したい．他にも挿入法等多数の並び替えのアルゴリズムが存在するが，本書は初めてプログラミングを学ぶ人のためのものであるので，他のアルゴリズムを学びたい方は，より専門的なテキスト等で学習していただきたい．

ところで，ここで紹介する並び替えは大きく分けて比較と交換に分けられる．最初は比較から学習してみよう．

exam9-4-1：1元配列に次のデータを代入する（データ数は5）．{5,3,2,1,4}．これらすべての組についての大小の比較を行う．

プログラム作成の構想：exam9-4-1

これは組み合わせの問題だと思えば良い．数学の分野で記述すると，${}_5C_2$=10通りとなる．つまり5個ある中から2つ取り出せるあらゆるパターンを考えることになる．最初に1番目に着目して，着目する数と比較するために2番目を取り出す．次は1番目と3番目を取り出し，続いて1番目と4番目を取り出して最後に1番目と5番目を取り出す．1番目に対する着目が終了したら，次に着目する数は2番目，そして比較する数は3番目になる．なぜなら1番目はすべて取り出せるパターンを終了したので，まだ比較していない3番目となるからである．この処理を簡略化すると，以下のようになる（**図9.4.1**）．

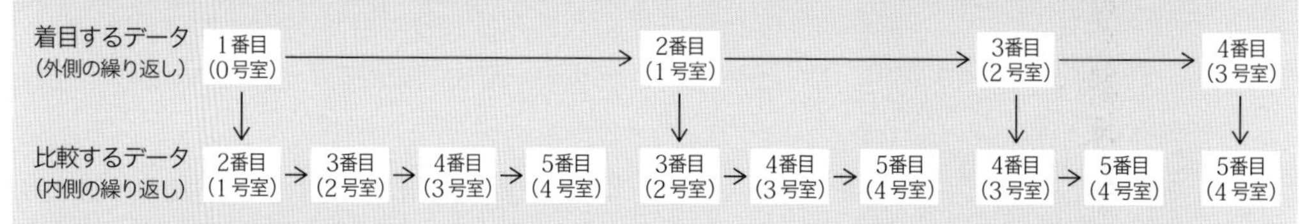

図9.4.1 比較のアルゴリズム

プログラムソースファイルの作成：exam9-4-1

```
1  #include<stdio.h>
2  main()
3  {
4          int data[5] = {5,3,2,1,4};
5          int tyakumoku,hikaku;
6  
7          for ( tyakumoku = 0; tyakumoku <= 3; tyakumoku++ )
8          {
9                  for ( hikaku = tyakumoku + 1; hikaku <= 4; hikaku++ )
10                 {
11                         printf("%d番目と%d番目のデータは",tyakumoku+1,hikaku+1);
12                         if ( data[tyakumoku] > data[hikaku] )
13                         {
14                                 printf("%d番目のデータが大きいです¥n",tyakumoku+1);
15                         }
16                         else
17                         {
18                                 printf("%d番目のデータが大きいです¥n",hikaku+1);
19                         }
20                 }
21         }
22 }
```

プログラム文の解説：exam9-4-1

4行目：配列数5の1元配列を用意して各要素を代入する.

5行目：処理がわかりやすくなるように，着目する数を処理するための，外側の繰り返しを制御するカウンタ変数tyakumokuと，比較する数を処理するための，内側の繰り返しを制御するカウンタ変数hikakuを作成する.

7行目：着目する数字を取り出すため，外側の繰り返しを行う. 初期値は0，繰り返す条件は3以下の時となる. なぜ3で終了するかわかるだろうか. 改めて図9.4.1を見るとわかると思う. 着目する数字は最初0号室の値，次は1号室，2号室と続いて3号室，最後の4号室まで進んでしまうと比較する数字はない. 着目する数字は1つ手前の3号室で止めて，4号室と比較して終了となる.

9行目：比較する数字を取り出すため，内側の繰り返しを行う. 初期値は外側の繰り返しtyakumokuに1を加算した値となる. これも図9.4.1を見るとわかると思う. 最初に着目する0号室の数字の処理の後，次に着目するのは1号室の値である. そして，1号室の値と比較するのは2号室の値からとなる.

11行目：何番目のデータ同士を比較しているかを画面に表示する. 配列番号と1つずれるので，それぞれ1を加算したものを表示する.

12 ~ 19行目：if文において着目した数と比較する数を比べ，大きい数を表示する.

プログラムの実行：exam9-4-1

```
C:¥myprogram>exam9-4-1
1番目と2番目のデータは1番目のデータが大きいです
1番目と3番目のデータは1番目のデータが大きいです
1番目と4番目のデータは1番目のデータが大きいです
1番目と5番目のデータは1番目のデータが大きいです
2番目と3番目のデータは2番目のデータが大きいです
2番目と4番目のデータは2番目のデータが大きいです
2番目と5番目のデータは5番目のデータが大きいです
3番目と4番目のデータは3番目のデータが大きいです
3番目と5番目のデータは5番目のデータが大きいです
4番目と5番目のデータは5番目のデータが大きいです
```

図9.4.2　exam9-4-2の実行結果

問題を一見すると難しく思うが，アルゴリズムが決まったパターンなので，1回経験しておくと2回目からはそれほど困難ではないと思う. さて，述べたように，この並び替えのアルゴリズムは比較と交換である. 次は交換のアルゴリズムを学習しよう.

exam9-4-2：変数Aと変数Bを用意して値を代入する．それぞれに代入した値を交換する（変数Aの値をBに入れ，変数Bの値をAに入れることで値の交換を行う）．

プログラム作成の構想：exam9-4-2

交換のアルゴリズムは難しくない．まず，1つ別の変数（本プログラムではstock）を用意して，その変数にどちらかの変数の値（ここではA）を避難させる．値を避難させた変数（A）にもう一方の変数（B）の値を代入する．最後に避難させた値をもう一方の変数（B）に戻して（代入して）終了となる．

プログラムソースファイルの作成：exam9-4-2

```
1  #include<stdio.h>
2  main()
3  {
4          int A = 5, B = 3;
5          int stock;
6  
7          printf("変数Aの値は%dで変数Bの値は%dです¥n",A,B);
8  
9          stock = A;
10         A = B;
11         B = stock;
12 
13         printf("変数Aの値は%dで変数Bの値は%dです",A,B);
14 }
```

プログラム文の解説：exam9-4-2

4行目：変数AとBを作成して値を代入する．

5行目：値を避難させておくための変数stockを用意する．

7行目：交換する前の値を表示する．

9行目：変数Aの値を変数stockに避難させる．

10行目：変数Aの値はstockに確保してあるので，変数Aに変数Bの値を代入する．これで変数AはBの値になる．

11行目：確保しておいた変数Aの値を変数Bに代入する．これで変数Bは変数Aの値になる．

13行目：交換後の変数の値を画面に表示して確認する．

プログラム文の実行：exam9-4-2

```
C:¥myprogram>exam9-4-2
変数Aの値は5で変数Bの値は3です
変数Aの値は3で変数Bの値は5です
```

図9.4.3 exam9-4-3の実行結果

交換のアルゴリズムについての学習ができたと思う．それでは，exam9-4-1とexam9-4-2を組み合わせて並び替え（ソーティング）を行うプログラムを作成してみよう．

exam9-4-3：以下のデータがある（データ数は15）. {15,20,14,6,36,18,10,23,16,14,33,7,21,29,2}. これらのデータを昇順で並び替える.

プログラム作成の構想：exam9-4-3

これまでのプログラムにおいて，並び替えのプログラムを作成するための手順は踏んでいるので，本プログラムを作成する手がかりは十分であると思うが，着目する値は最初（0号室）から最後の1つ手前までで，比較する値は着目する値の次の値から最後までとなることを忘れないでほしい．昇順に並び替えるためには，交換のアルゴリズムを用いて比較する値が小さかったら交換する．すなわち，データが5個の場合の例を挙げるならば，初めに0号室に着目して1～4号室と比較する．比較している値が小さいならば交換するので，結局，最も小さい値が一番左（着目している0号室）に入ることになる．次は1号室に着目して2～4号室と比較して，やはり最も小さい値が着目している1号室に入る，というように，比べているグループの着目している配列に最も小さい値が入るアルゴリズムになる．わかりやすく説明するなら，**図9.4.4**のようになる．

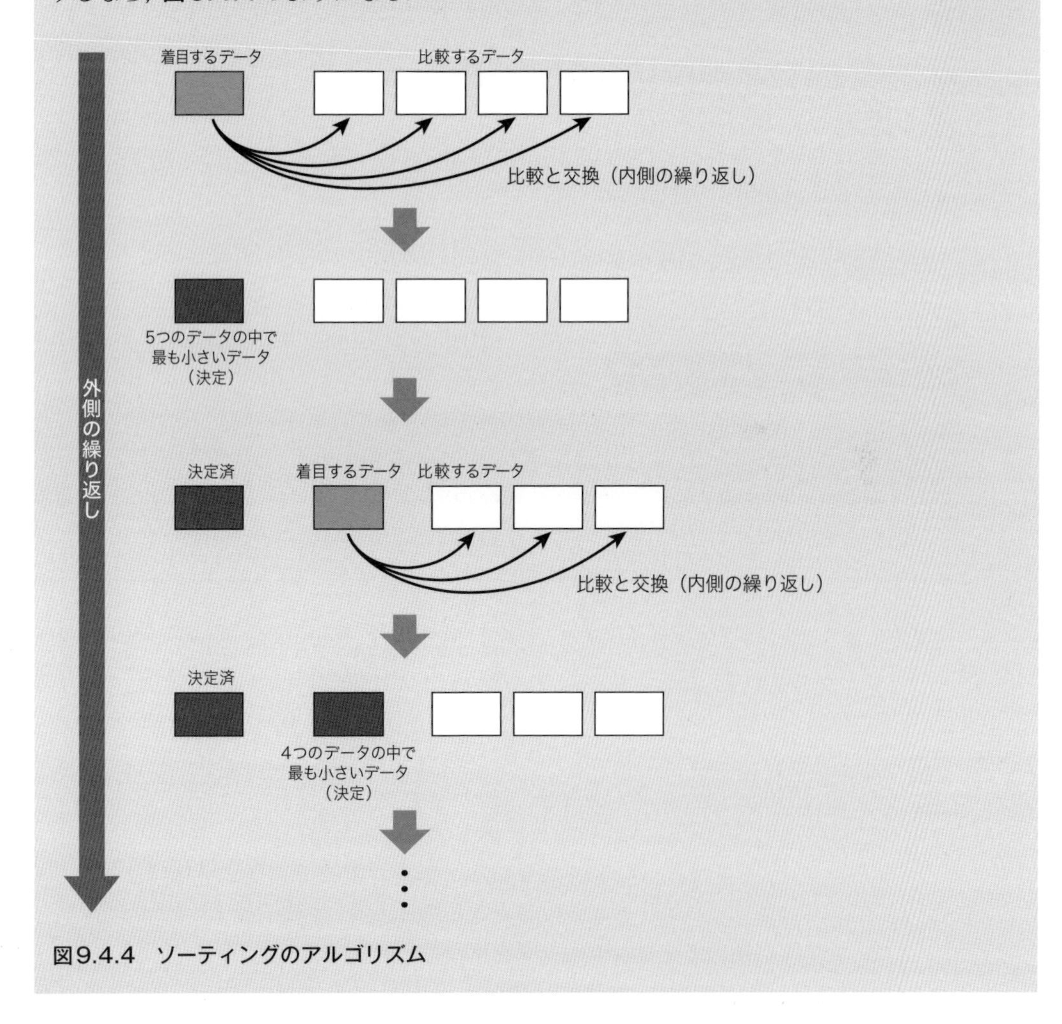

図9.4.4　ソーティングのアルゴリズム

プログラムソースファイルの作成：exam9-4-3

```
 1 #include<stdio.h>
 2 main()
 3 {
 4         int data[15] = {15,20,14,6,36,18,10,23,16,14,33,7,21,29,2};
 5         int tyakumoku,hikaku,stock;
 6 
 7         for ( tyakumoku = 0; tyakumoku <= 13; tyakumoku++ )
 8         {
 9                 for ( hikaku = tyakumoku + 1; hikaku <= 14; hikaku++ )
10                 {
11                         if ( data[tyakumoku] > data[hikaku] )
12                         {
13                                 stock = data[tyakumoku];
14                                 data[tyakumoku] = data[hikaku];
15                                 data[hikaku] = stock;
16                         }
17                 }
18         }
19 
20         for ( tyakumoku = 0; tyakumoku <= 14; tyakumoku++ )
21         {
22                 printf("%d¥t",data[tyakumoku]);
23         }
24 }
```

プログラム文の解説：exam9-4-3

7 ～ 18行目：比較と交換のアルゴリズムである．

20 ～ 23行目：並び替えた後，画面に結果を表示する．

プログラムの実行：exam9-4-3

```
C:¥myprogram>exam9-4-3
2       6       7       10      14      14      15      16      18      20
21      23      29      33      36
```

図9.4.5　exam9-4-3の実行結果

本書では最も基本的な並び替えのアルゴリズムを紹介したが，他にも挿入法等様々なソートアルゴリズムがあるので，興味を持った方は挑戦してみてほしい．

9.5 文字列操作

C言語では文字型というデータ型はあるが，文字列型というデータ型は存在しない．しかし，変数ではなく，1元配列では文字列を扱うことが可能である．本節では1元配列を用いた文字列操作を行う．ただし，初めてプログラミングを学習している方は，文字列の操作を1元配列で行うことができるという認識を持つくらいで良いと思うので，紹介する程度でとどめておきたい．

exam9-5-1：「program」，「プログラム」，「文字列と配列」の3語を1元配列に代入して画面に表示する．

プログラム作成の構想：exam9-5-1

アルファベットの半角のAは1バイトである．しかしひらがなやカタカナ，漢字等の文字は全角なので半角2文字分，つまり2バイト必要となる．1元配列の1つの部屋に代入できるのは半角1文字分だけであるので，全角文字を代入するためには2部屋分使用することとなる．

プログラムソースファイルの作成：exam9-5-1

```
 1 #include<stdio.h>
 2 main()
 3 {
 4         char tango1[8] = {'p','r','o','g','r','a','m','¥0'};
 5         char tango2[11] = "プログラム";
 6         char tango3[] = "文字列と配列";
 7         int count;
 8 
 9         for ( count = 0; count <= 6; count++ )
10         {
11                 printf("%c",tango1[count]);
12         }
13 
14         printf("¥n");
15 
16         for ( count = 0; count <= 4; count++ )
17         {
18                 printf("%c",tango2[count]);
19         }
20 
21         printf("¥n%s",tango3);
22 }
```

プログラム文の解説：exam9-5-1

4行目：「program」という文字列は半角7文字である．ただ，文字列については最後に文字列の終了の意味を表す¥0（null文字と言う）を加えなければならない（その理由については後で説明する）ことになっているので，1文字加えて計8文字として，配列数8の1元配列を作成する．文字型であるので，値の代入の際は，変数の場合と同様シングルクウォーテーションで挟んで代入する．

5行目：すべて4行目のような代入方法をとらなければならないとすれば，2部屋分に代入する全角文字を代入する方法がないことになる．このことから，5行目のような代入方法も認められている．「プログラム」を構成する全角カタカナは1文字2部屋なので，2×5で10部屋分プラス¥0のnull文字を加えて11部屋分の1元配列を作成して文字を代入する．

6行目：5行目のように，全角文字列があり，それに対していくつの部屋数を占めるか調べて配列数を決めなければいけないのは大変である．このため，文字列の場合は配列数を定義せずに何も記述せず，文字列を代入するだけでその分の配列数を自動で確保してくれる（¥0のnull文字含む）．

7行目：カウンタ変数を作成する.

9～12行目：これまで学習したように，1元配列の値を画面に表示するためには，繰り返し処理を行う.「program」は7文字であるのでカウンタを0から6号室まで繰り返すことにする. 7号室はnull文字だが，null（無）なので7号室まで繰り返しても7号室は何も表示されず，6号室まで繰り返す場合と同じ結果になる.

16～19行目：「プログラム」を画面に表示するための繰り返しである. 理解が深まるように，あえて繰り返しを0から4号室までの5部屋分にした.「プロ」で4部屋分,「プログ」で6部屋分なので，5部屋分を表示したらどうなるか確認してほしい.

21行目：1元配列を処理するには繰り返しが便利だと言っても，毎回のように，文字列が何文字分あるかを計算して繰り返しで表示する作業は大変である. このため，C言語では文字列専用の特別な変換指定子「%s」が用意されていて，変換指定子の%sを記述して，配列名を記述するだけ（[ ]の記述は必要ない）で1元配列内に代入されている文字列をすべて表示できる. 実はこの書式を実現するために，文字列の終了を意味する¥0（null文字）という記号が必要である. 繰り返しで表示する場合は，繰り返しの条件によって処理を終了する部屋を決めることができる. しかし，この書式で1元配列に代入されている文字列すべてを画面に表示するためには，文字列の終了という合図がない限り，当然のことながらどこまで処理して良いかわからない. 終了という合図がなければ次の部屋の処理に移行してしまうので，動作がおかしくなってしまうことになる. 逆に言えば，反復処理で文字列を表示する場合には，null文字の記述の必要はない.

プログラムの実行：exam9-5-1

```
C:¥myprogram>exam9-5-1
program
プロ
文字列と配列
```

図9.5.1 exam9-5-1の実行結果

注目していただきたいのは「プログラム」の単語の表示である. 5部屋分表示した場合は，6部屋分表示していないので，全角文字2文字分（4部屋分）の「プロ」のみ表示されたことを確認できたと思う.

9.6 演習問題

次の数列がある. A_n={2, 4, 6, 8, 10, 12, ・・・・}. この数列の第30項までの和を，一元配列を用いて数列の値を格納した後に算出するプログラムを作成せよ. ファイル名はtest9-1.

```
C:¥exam>test9-1
この数列の和は930です
```

Q 9-2 次の2つのデータセットがある（それぞれデータ個数は10）. dataA = {30, 45, 62, 25, 18, 51, 15, 73, 49, 68}. dataB = {56, 68, 75, 86, 35, 55, 24, 11, 73, 80}. これらのデータを2つの1元配列に格納して，それぞれの対応する項（例えば，dataAの1番目の30とdataBの1番目の56）の加算の結果を算出するプログラムを作成せよ．ファイル名はtest9-2.

```
C:¥exam>test9-2
加算の結果は
86      113     137     111     53      106     39      84      122     148
```

Q 9-3 次のデータがある（データ数は15個）. data = {31, 52, 47, 33, 86, 74, 85, 66, 59, 82, 74, 58, 69, 81, 67}. 当該データと1つのデータを隔てたデータの値をひいた差を，次々と算出するプログラムを作成せよ（つまり，0号室と2号室の差，1号室と3号室の差，・・・・となる）. 差の個数は計13個となる．ファイル名はtest9-3.

```
C:¥exam>test9-3
減算の結果は
-16     19      -39     -41     1       8       26      -16     -15     24
5       -23     2
```

Q 9-4 前問の9-3において，1番目のデータと15番目のデータ，2番目と14番目，3番目と13番目，のように，前後対照的な位置にあるデータの加算した結果を算出するプログラムを作成せよ（8番目のデータは1つしかないので，計算しないこととする）. ファイル名はtest9-4.

```
C:¥exam>test9-4
加算の結果は
98      133     116     91      160     156     144
```

Q 9-5 次のデータがある（データ数は20個）. data = {31, 52, 47, 33, 86, 74, 85, 66, 59, 82, 74, 58, 69, 81, 67, 86, 97, 57, 13, 30}. これらのデータを降順に並べ替えるプログラムを作成せよ．ファイル名はtest9-5.

```
C:¥exam>test9-5
31      52      47      33      86      74      85      66      59      82
74      58      69      81      67      86      97      57      13      30

を降順で並べ替えると
97      86      86      85      82      81      74      74      69      67
66      59      58      57      52      47      33      31      30      13
```

1元配列に任意に5個のデータを入力して，最小値を算出するプログラムを作成せよ．ファイル名はtest9-6.

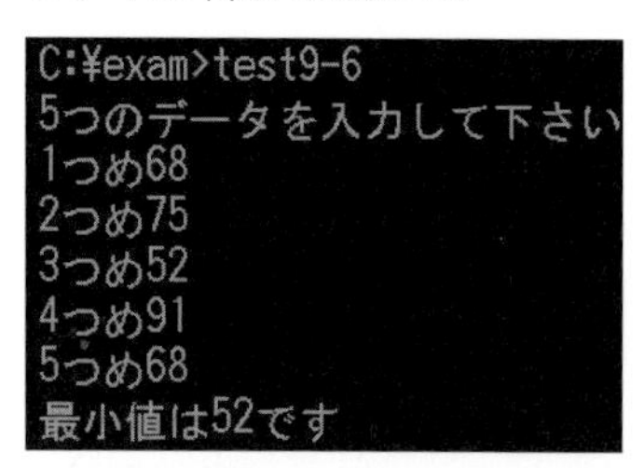

```
C:¥exam>test9-6
5つのデータを入力して下さい
1つめ68
2つめ75
3つめ52
4つめ91
5つめ68
最小値は52です
```

次のデータがある（データ数は20個で問題9-5と同じ）．data = {31, 52, 47, 33, 86, 74, 85, 66, 59, 82, 74, 58, 69, 81, 67, 86, 97, 57, 13, 30}．任意に2つの整数xとyを入力して，x以上y以下に該当するデータを画面に表示する，該当するデータがなければ，「該当するデータがありません」と画面に表示するプログラムを作成せよ．ファイル名はtest9-7.

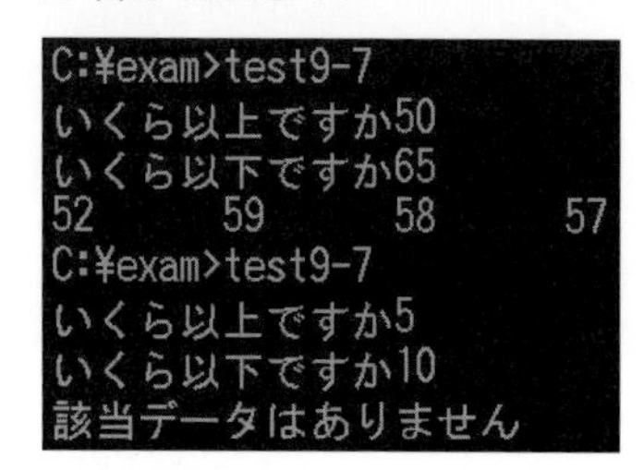

```
C:¥exam>test9-7
いくら以上ですか50
いくら以下ですか65
52      59      58      57
C:¥exam>test9-7
いくら以上ですか5
いくら以下ですか10
該当データはありません
```

次のデータがある（データ数は20個）．data = {27, 16, 9, 12, 21, 6, 13, 14, 30, 5, 18, 24, 29, 2, 11, 19, 8, 15, 4, 30}．これらのデータを挿入法という並べ替えのアルゴリズムを用いて，昇順で並べ替えよ．挿入法のアルゴリズムは有名であるので，インターネット等で検索することによって調べることが可能である．ファイル名はtest9-8.

```
C:¥exam>test9-8
2       4       5       6       8       9       11      12      13      14
15      16      18      19      21      24      27      29      30      30
```

maisu[9] = {10000, 5000, 1000, 500, 100, 50, 10, 5, 1}の1元配列を用意する．任意に整数（金額とする）を入力し，用意した1元配列を利用することによって，紙幣や硬貨の枚数を数えて表示するプログラムを作成せよ．ファイル名はtest9-9.

```
C:¥exam>test9-9
5桁の金額を入力して下さい59867
10000円は5枚
5000円は1枚
1000円は4枚
500円は1枚
100円は3枚
50円は1枚
10円は1枚
5円は1枚
1円は2枚
```

第10章 2元配列

多くのデータを処理しなくてはいけない場合，多くの変数が必要となるため，代わりに1元配列を用いると便利であると前章で述べたが，データによっては次のような形式のものもある(表10.0.1)．

	国語	数学	英語	理科	社会
Aさん	76	68	80	78	76
Bさん	82	78	81	80	78
Cさん	65	70	77	75	78
Dさん	90	81	79	84	82
Eさん	77	92	84	79	80

図10.0.1　データの表

表10.0.1のようなデータを扱う場合，1つの1元配列に全員の点数を代入して処理するのは扱いにくい．ならば，1元配列を5つ作成してそれぞれ人ごとのデータを代入すれば良いと思うかもしれないが，このデータが1000人分だったらどうするか，1000個の1元配列を作成しなければならなくなる．これゆえ，C言語ではこういった形式のデータであっても処理しやすい2元配列が用意されている．本章では2元配列を学習することにしよう．

10.1 2元配列のイメージ

変数は一軒家のようなもので，1元配列は1階建ての集合住宅のようなものだと前章で解説した．これらに対し，2元配列はビルのようなものである．つまり，1元配列に上の階ができたものだと思ってほしい(**図10.1.1**)．

図10.1.1のようにどの階のどの部屋にも値を代入可能であり，プログラムの便宜上，一番上の階を最初の階とする．2元配列においても1元配列と同様に，2元配列内の場所を特定するための番地があるが，複数階にわたっているため，縦方向の階を特定する番号と横方向の部屋を特定する番号の2つの番号で特定しなければならない決まりになっている．また2元配列においても，階の番号は0階から始まり，部屋の番号は0号室から始まるので，階の番号と階の個数，そして部屋の番号と部屋の個数は一致しないことに注意してほしい．整数型の2元配列では整数のみしか扱えないことも1元配列と同じである．

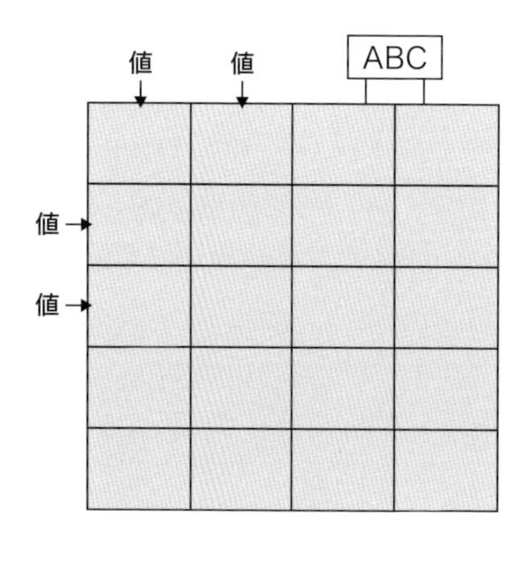

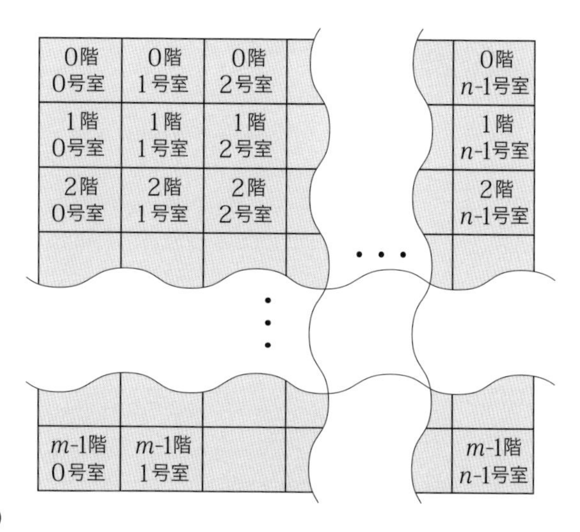

図10.1.1　2元配列のイメージと住所（番地）

10.2 2元配列の作成(定義)と値の代入(初期化)

2元配列は以下のように作成する．

データ型名　2元配列名[階数][部屋数]

1元配列の階が増えた形だと思えば良い．ただし，解説したように2元配列内の場所を階番号と部屋番号で特定するので，その分[]が増えることになる．

exam10-2-1：3×2（3階建の2部屋）の2元配列を作成して値（整数型）を代入し，画面に表示する．

プログラム作成の構想：exam10-2-1

階の個数あるいは階の番号が入るカッコが増えただけで，扱い方は1元配列とほぼ同じだと思ってほしい．2元配列の場所を個別に指定して代入してみることにする．

プログラムソースファイルの作成：exam10-2-1

```
1  #include<stdio.h>
2  main()
3  {
4          int nigen[3][2];
5  
6          nigen[0][0] = 5;
7          nigen[0][1] = 10;
8          nigen[1][0] = -5;
9          nigen[1][1] = 4;
10         nigen[2][0] = 8;
11         nigen[2][1] = 2.6;
12 
13         printf("2元配列の0階には%dと%d¥n",nigen[0][0],nigen[0][1]);
14         printf("2元配列の1階には%dと%d¥n",nigen[1][0],nigen[1][1]);
15         printf("2元配列の2階には%dと%d",nigen[2][0],nigen[2][1]);
16 }
```

プログラム文の解説：exam10-2-1

4行目：3階建て2部屋の2元配列を作成する．1元配列と同様に，階の個数と部屋の個数が[ ]の中に入るのは作成した時のみである．それ以降の文では番号を表す数字しか入らない．

6～11行目：2元配列の階番号と部屋番号を指定して，値を代入する．3階建てであるので階番号は2までで，部屋数は2なので部屋番号は1までということを忘れないでほしい．11行目ではわざと小数を代入してみることとする．実行結果がどうなるか確認してみよう．

13～15行目：2元配列に代入した値を画面に表示する．長くなるので3行に分けて記述したが，1行で表示しても構わない．

プログラムの実行：exam10-2-1

```
C:¥myprogram>exam10-2-1
2元配列の0階には5と10
2元配列の1階には-5と4
2元配列の2階には8と2
```

図10.2.1　exam10-2-1の実行結果

2元配列の作成と値の代入を行ったが，カッコが増えただけで基本的なところは1元配列と同じであることがわかったと思う．11行目に代入した2.6は2と表示された．整数型に小数を代入すると切り捨てられてしまう現象は，変数や1元配列と同じである．

exam10-2-2：3×2（3階建の2部屋）の2元配列を作成して値（整数型）を代入し，画面に表示する（exam10-2-1と同じであるが，代入と画面に表示する方法を変える）．

プログラム作成の構想：exam10-2-2

1元配列では，配列内の部屋を個別に指定して値を代入する方法（exam9-2-1）と，配列の作成時にそれぞれをまとめて代入する方法（exam9-2-2）があった．2元配列においても後者の代入方法があるので，その方法を学習する．これに加えて，本例題では画面に表示する方法も工夫してみたいと思う．1元配列では利便性の1つに反復処理を用いて効率的に処理できる点があったが，同じように，2元配列においても反復処理を用いることで効率的に処理できる．この処理方法についてもあわせて学習しよう．

プログラムソースファイルの作成：exam10-2-2

```
 1  #include<stdio.h>
 2  main()
 3  {
 4          int nigen[3][2] = {{5,10},{-5,4},{8,2.6}};
 5          int kai,heya;
 6  
 7          for ( kai = 0; kai <= 2; kai++ )
 8          {
 9                  for ( heya = 0; heya <= 1; heya++ )
10                  {
11                          printf("%d¥t",nigen[kai][heya]);
12                  }
13          }
14  }
```

プログラム文の解説：exam10-2-2

4行目：2元配列に値をまとめて代入する方法である．3×2（3階建ての2部屋）の2元配列を作成し，イコールの記述に続けてブロック記号である中カッコを複数用いて記述する．1つの階を中カッコでくくり，全体を中カッコでくくって，値同士および階同士をカンマで区切る．左から順に階番号は0から，部屋番号も0からとなる．つまり，わかりやすく言えば**図10.2.2**のとおりである．

0号室 1号室 0号室 1号室 0号室 1号室

```
int    nigen[3][2]  =  {{5, 10}, {-5, 4}, {8, 2.6}};
```

データ型名 2元配列名 階数 部屋数 0階の値 1階の値 2階の値

図10.2.2 2元配列へ複数の値を代入する方法

5行目：カウンタ変数を作成する．後に解説するが，2元配列を処理するためには二重の繰り返しが必要になる．わかりやすいように，階の繰り返しを制御するカウンタ変数をkaiとし，部屋の繰り返しを制御するカウンタ変数をheyaとした．

7～13行目：2元配列を処理するための二重の繰り返しを行う．外側の繰り返しが階の繰り返し，内側の繰り返しが部屋の繰り返しとなる．2元配列内をうまく巡回するためには，一重の繰り返しでは不十分であり，**図10.2.3**で示すようなアルゴリズムで処理しなければならない．

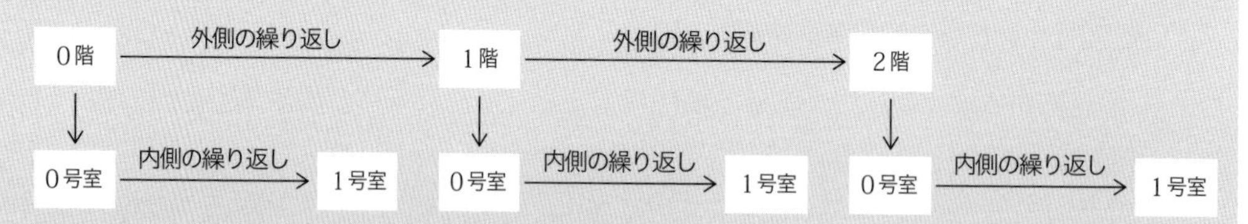

図10.2.3 2元配列に対する繰り返しのアルゴリズム

これまで見てきた二重の繰り返しの図と同じであることがわかる．2元配列を一度に処理するためには，二重の繰り返しが必要ということである．外側の繰り返しが階の繰り返しなので，3階建ての階の繰り返しは0から2まで（7行目），内側の部屋の繰り返しは2部屋なので0から1まで（9行目）になる．

プログラムの実行：exam10-2-2

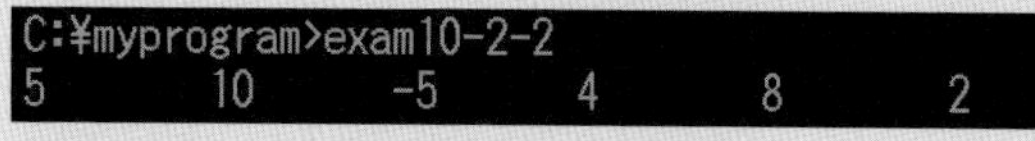

```
C:¥myprogram>exam10-2-2
5       10      -5      4       8       2
```

図10.2.4 exam10-2-2の実行結果

2元配列の作成および値の代入，それから2元配列の処理には，二重の繰り返しが必要であることも理解できたと思う．ところで，2元配列はビルのようなものだと前に述べたが，実行結果が横1列に表示されているので，1元配列のような印象になる．次は，2元配列らしく縦に複数階にわたって代入されていることを表す実行結果にすることを考えてみよう．

exam10-2-3：exam10-2-2の実行結果を３×２で表示するように（縦3横2），プログラムを改変する．

プログラム作成の構想：exam10-2-3

横一列に表示されているものを，縦が3行になるよう表示するためには，どこかで改行しなければならない．改行をどこですべきだろうか．0階の表示を終えて改行，1階の表示を終えて改行としなければならない，ということは，1つの階の処理が終わるのは，内側の処理がすべて終わった時点である．すなわち，内側の繰り返しが終わった時点で改行すれば良いことになる．

プログラムソースファイルの作成：exam10-2-3（付加する命令文のみ抜粋）

```
12    printf("¥n");
```

プログラム文の解説：exam10-2-3

12行目：内側の繰り返しの終了を意味するブロック記号の後に改行記号を挿入し，以下命令文を1行ずらす．

プログラム文の実行：exam10-2-3

```
C:¥myprogram>exam10-2-3
5       10
-5      4
8       2
```

図10.2.5　exam10-2-5の実行結果

繰り返し処理においても，順次処理の法則が成り立っていることを忘れないようにプログラミングを行ってほしい．

10.3　２元配列を用いたプログラム

本節からは2元配列を用いた，より実際的なプログラムに挑戦してみることにする．

exam10-3-1：次の行列の演算を行う． $\begin{pmatrix} 4 & 6 & 3 \\ 9 & 1 & 5 \end{pmatrix} + \begin{pmatrix} 2 & 11 & 3 \\ 1 & 14 & 4 \end{pmatrix}$

プログラム作成の構想：exam10-3-1

行列の和の演算だが，それぞれの対応する箇所の値同士を加算するだけなので難しくないと思う．

第1章 第2章 第3章 第4章 第5章 第6章 第7章 第8章 第9章 第10章 第11章

プログラムソースファイルの作成：exam10-3-1

```
 1 #include<stdio.h>
 2 main()
 3 {
 4         int gyoretu1[2][3] = {{4,6,3},{9,1,5}};
 5         int gyoretu2[2][3] = {{2,11,3},{1,14,4}};
 6         int kotae[2][3];
 7         int kai,heya;
 8 
 9         for ( kai = 0; kai <= 1; kai++ )
10         {
11                 for ( heya = 0; heya <= 2; heya++ )
12                 {
13                         kotae[kai][heya] = gyoretu1[kai][heya] + gyoretu2[kai][heya];
14                         printf("%d¥t",kotae[kai][heya]);
15                 }
16                 printf("¥n");
17         }
18 }
```

プログラム文の解説：exam10-3-1

4～5行目：行列は2階建ての3部屋となっているので，2元配列を2つ作成してそれぞれの値を代入する．

6行目：演算結果を入れる2元配列を作成する．2元配列ではなく，変数に代入しても構わない．

7行目：階と部屋の繰り返しを制御するカウンタ変数をそれぞれ作成する．

9～17行目：2階建ての3部屋なので，外側の繰り返しは0から1まで，内側の繰り返しは0から2までとなる．演算自体は対応する場所の値同士を加算するので（例えば，一方の行列の0階0号室ともう一方の行列の0階0号室の値同士を加算する），13行目の演算式になる．演算後，画面に表示する処理をする．

プログラムの実行：exam10-3-1

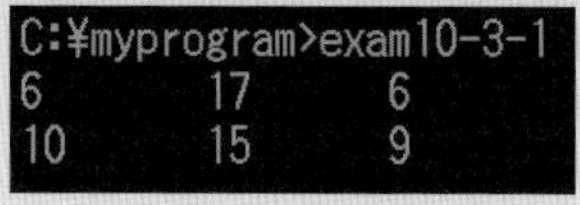

```
C:¥myprogram>exam10-3-1
6       17      6
10      15      9
```

図10.3.1　exam10-3-1の実行結果

さすがに，コマンドプロンプトでは行列を囲むカッコは表現できないが，演算結果はきちんと表示できた．次も同じような問題に挑戦してみることにする．

exam10-3-2：次の行列の演算を行う． $\begin{pmatrix} 5.3 & 3.1 \\ 2.8 & 6.2 \\ 5.5 & 4.6 \end{pmatrix} - \begin{pmatrix} 1.2 & 2.5 \\ 3.1 & 4.2 \\ 2.9 & 3.2 \end{pmatrix}$

プログラム作成の構想：exam10-3-2

exam10-3-2と異なる部分を挙げてみよう．1.行列が3階建ての2部屋であること，2.行列の値が小数であること，3.演算が減算であること，の3つである．減算も加算と同様に，対応する箇所の値同士を減算すれば良いだけである．

プログラムソースファイルの作成：exam10-3-2

```
1  #include<stdio.h>
2  main()
3  {
4          double gyoretu1[3][2] = {{5.3,3.1},{2.8,6.2},{5.5,4.6}};
5          double gyoretu2[3][2] = {{1.2,2.5},{3.1,4.2},{2.9,3.2}};
6          double kotae[3][2];
7          int kai,heya;
8  
9          for ( kai = 0; kai <= 2; kai++ )
10         {
11                 for ( heya = 0; heya <= 1; heya++ )
12                 {
13                         kotae[kai][heya] = gyoretu1[kai][heya] - gyoretu2[kai][heya];
14                         printf("%.1f¥t",kotae[kai][heya]);
15                 }
16                 printf("¥n");
17         }
18 }
```

プログラム文の解説：exam10-3-2

4～5行目：小数であるので，データ型がintでは不可である．また3階建ての2部屋であり，階の数と部屋の数は常に注意してほしい．小数を代入する場合，ピリオドとカンマが混在することになる．ここでピリオドとカンマの記述ミスをしてしまうと，「初期化子数が～」等のコンパイルエラーにつながるので，タイピングミスをしないようにしてほしい．

7行目：カウンタ変数のデータ型はintである．たまに，面倒だからすべて小数型にしてしまえと，カウンタ変数まで小数型にする人がいるが，カウンタ変数を小数型にすると**図10.3.2**のようにコンパイルエラーとなってしまう．

```
exam10-3-2.c
exam10-3-2.c(13) : error C2108: 添字に整数でない型が使われました。
exam10-3-2.c(14) : error C2108: 添字に整数でない型が使われました。
```

図10.3.2　添字に小数型を用いた場合のエラー

配列の番地（添字）は1階の1号室のように整数で区別がつけられている．小数型にしてしまうと，1.0階の1.0号室のようになってしまう．それでは規則に反するというわけである．

9～17行目：演算と結果の表示を行う．3階建ての2部屋であるので，カウンタ変数の繰り返し条件はexam10-3-1とは異なる．13行目は2元配列同士の演算式の行で14行目は画面に表示するprintf()の行である．画面に表示するための変換指定子は小数型に対応させなければならないので注意してほしい．

プログラムの実行：exam10-3-2

```
C:¥myprogram>exam10-3-2
4.1     0.6
-0.3    2.0
2.6     1.4
```

図10.3.3　exam10-3-2の実行結果

小数を扱う場合は，データ型と変換指定子等考慮しなければならないことが多くあるので，もう一度，第4章と第5章で扱った内容を思い出してほしい．そろそろ行列には飽きてきたところだと思うが，次も行列の問題を取り上げたい．

exam10-3-3：次の行列の演算を行う. $\begin{pmatrix} 10 & 12 & 14 \\ 20 & 22 & 24 \\ 30 & 32 & 34 \end{pmatrix} + \begin{pmatrix} 20 & 15 & 10 \\ 30 & 25 & 20 \\ 40 & 35 & 30 \end{pmatrix}$

プログラム作成の構想：exam10-3-3

この問題も行列の和の演算であるが，行列の数値に規則性があることがわかると思う．左の行列は値が横方向（各階の0号室→1号室→2号室）に2ずつ増えていて，右の行列は5ずつ減っているという規則性がある．この規則性を利用して，値をプログラム自体に代入させて演算するアルゴリズムで作成してみることにする．

プログラムソースファイルの作成：exam10-3-3

```
 1 #include<stdio.h>
 2 main()
 3 {
 4         int gyoretu1[3][3],gyoretu2[3][3],kotae[3][3];
 5         int kai,heya;
 6         int dainyu1 = 10;
 7         int dainyu2 = 20;
 8 
 9         for ( kai = 0; kai <= 2; kai++ )
10         {
11                 for ( heya = 0; heya <= 2; heya++ )
12                 {
13                         gyoretu1[kai][heya] = dainyu1;
14                         gyoretu2[kai][heya] = dainyu2;
15                         kotae[kai][heya] = gyoretu1[kai][heya] + gyoretu2[kai][heya];
16                         printf("%d¥t",kotae[kai][heya]);
17                         dainyu1 = dainyu1 + 2;
18                         dainyu2 = dainyu2 - 5;
19                 }
20                 printf("¥n");
21                 dainyu1 = dainyu1 + 6;
22                 dainyu2 = dainyu2 + 20;
23         }
24 }
```

プログラム文の解説：exam10-3-3

4行目：3階建て3部屋の2元配列を3つ作成する．

5行目：カウンタ変数を作成する．

6～7行目：2元配列には何も代入されていないので，値を代入しなければならない．値を代入するための変数をdainyu1を作成して，左の行列の値を代入する．左の行列の0階0号室は10なので10を代入しておく．同じように，右の行列の値を代入するためのdainyu2を作成して0階0号室の20を代入しておく．

9と11行目：3階建ての3部屋なので，外側と内側の繰り返し両方とも0から2まで繰り返すことになる．

13～14行目：配列に値が代入されていないので値を代入する．最初の繰り返し処理の0階0号室にそれぞれ値を代入しておいた（10と20）変数を代入することによって，値を代入することにする．

15～16行目：値を代入したので演算を行い，演算結果を画面に表示する．

17～18行目：変数dainyu1とdainyu2の値がこのまま変わらないのであれば，次の繰り返しの0階1号室にはそれぞれまた10と20が代入される．しかし，0階1号室の値は左の行列は12(2増える)，右の行列は15(5減る)である．これゆえ，変数dainyu1は2増やして，dainyu2は5減らす．こうすれば，次の部屋にも正しい値が代入されるはずである．

21 ～ 22行目：行列の規則性をよく考えると，0階から1階に移行する際に部屋の2ずつ増えるという規則性になっていない．例えば，左の行列では0階2号室は14であり，1階0号室は20だから2増えるという規則になっていないことがわかる．14→20なので，階が変わる毎に6増えているという規則に変わっていることになる(例えば，1階から2階への移行時は24から30なので，やはり6である)．右の行列に関しては，10→30なので20増えている．このため，階が変わる時(内側の繰り返しの終了時)にその開きを埋めるための式を記述する．

プログラムの実行：exam10-3-3

```
C:¥myprogram>exam10-3-3
30      27      24
47      44      41
64      61      58
```

図10.3.4　exam10-3-3の実行結果

実行結果をよく確認してほしい．実は，この実行結果は誤っている．一番上の行(0階)の演算結果は正しいが，2行目以降の結果は正しい結果となっていない(1階と2階：例えば1階0号室の加算の結果は20と30の加算なので，50にならなければならない)．なぜ誤った結果になってしまったか，気付くことができるだろうか．考えてみてほしい．

exam10-3-4：exam10-3-3をデバッグする．

プログラム作成の構想：exam10-3-4

第8章で説明したが，反復処理においても順次処理の法則が例外なく働いている点に注意して，プログラムソースファイルを見直してみよう．

プログラムソースファイルの作成：exam10-3-4(修正箇所のみ抜粋：21 ～ 22行目)

```
21              dainyu1 = dainyu1 + 4;
22              dainyu2 = dainyu2 + 25;
```

プログラム文の解説：exam10-3-4

21 ～ 22行目：一見，左の行列では0階の2号室の値が14で，1階0号室の値が20なので階をまたいで6の開きがあると認識してしまう．しかし，プログラムでは0階0号室の10を代入することから始まり，内側の繰り返し3回目に，0階2号室に14を代入する．そして演算を行い，その結果を表示して変数dainyu1に2を加算して内側の繰り返しが終了することになる．重要であるのは，代入した14の演算を行った後，さらに2を加えている点である．つまり，次の階の外側の繰り返しに移行する前の段階で，dainyu1は2が加算されて16となっていることになる．よって，プログラム上では実質14→20の開きではなく，16→20の開きになっている．同じように右の行列においても，20の開きではなく5がさらに減算されているため，25の開きになっている．これらのことに対して次の階に移行する時に，つじつま合わせをしなければならないことになる．

プログラムの実行：exam10-3-4

```
C:¥myprogram>exam10-3-4
30      27      24
50      47      44
70      67      64
```

図10.3.5　exam10-3-4の実行結果

これで正しい結果が表示された．それでは，次のプログラムからは，より実際的な場合のプログラムを考えてみることにしよう．

次の**表10.3.1**がある（データ値については本章の冒頭の**表10.0.1**と同じ）．この表に関して次の3種類のプログラムを作成する．

表10.3.1　データの表（合計と順位を追加）

	国語	数学	英語	理科	社会	合計点数	順位
Aさん	76	68	80	78	76		
Bさん	82	78	81	80	78		
Cさん	65	70	77	75	78		
Dさん	90	81	79	84	82		
Eさん	77	92	84	79	80		

exam10-3-5：表にあるように，合計点数の欄を加えて合計点数を算出する．

exam10-3-6と10-3-7：exam10-3-5の合計点の高い順から順位を算出する（なぜ2つ作成するかは，以下を読んでいただくとわかる）．

exam10-3-8：算出した順位に基づいて，得点の高い順から並び替える．

それでは，exam10-3-5から順に作成していくことにしよう．

exam10-3-5：表にあるように，合計点数の欄を加えて合計点数を算出する．

プログラム作成の構想：exam10-3-5

まず，合計点を算出する．2元配列であっても，合計の算出方法は第8章で学習した方法と同じである．つまり，空の容器を用意してそれに次々加算していく方法である．ただし，変数ではなくて2元配列であるので，2元配列内に合計の欄を加えて0（空の変数）を代入しておくことで処理しよう．

プログラムソースファイルの作成：exam10-3-5

```
1  #include<stdio.h>
2  main()
3  {
4          int data[5][7] = {
5                          {76,68,80,78,76,0,1},
6                          {82,78,81,80,78,0,1},
7                          {65,70,77,75,78,0,1},
8                          {90,81,79,84,82,0,1},
9                          {77,92,84,79,80,0,1},
10                         };
11         int kai,heya;
12
13         for ( kai = 0; kai <= 4; kai++ )
14         {
15                 for ( heya = 0; heya <= 4; heya++ )
16                 {
17                         data[kai][5] = data[kai][5] + data[kai][heya];
18                 }
19         }
20
21         for ( kai = 0; kai <= 4; kai++ )
22         {
23                 for ( heya = 0; heya <= 5; heya++ )
24                 {
25                         printf("%d¥t",data[kai][heya]);
26                 }
27                 printf("¥n");
28         }
29 }
```

プログラム文の解説：exam10-3-5

4～10行目：5階建て7部屋の2元配列を作成して，値を代入する．データ自体は5階建て5部屋分だが，本例題の合計の欄，そして次の例題のことも考慮して順位を代入する欄も初めから加えて計7部屋とする．合計の部屋には解説したように，すべて0を代入しておく．順位の部屋にはすべて1を代入しておく（以降の例題で解説する）．代入する値が非常に長くなる場合は，ソースファイルのように見やすくなるよう改行して記述しても構わない．

11行目：2元配列の繰り返しを処理するカウンタ変数を作成する．

13～19行目：合計を算出する繰り返しである．繰り返しは0階→1階→・・・，それぞれ各階0号室～4号室までの値を加算する処理を行わなければならない．したがって，外側は階の繰り返し（0階～4階）で内側は合計を算出する繰り返し（0号室～4号室）になる．合計を算出する演算式はgoukei = goukei + xのような変数の場合の式を2元配列に変えたものになる．

21～28行目：データ値も含めて演算結果を表示する．

プログラムの実行：exam10-3-5

```
C:¥myprogram>exam10-3-5
76      68      80      78      76      378
82      78      81      80      78      399
65      70      77      75      78      365
90      81      79      84      82      416
77      92      84      79      80      412
```

図10.3.6　exam10-3-5の実行結果

2元配列であっても変数であっても，基本的な考え方は変わらない．初めてプログラミングを学ぶ人は，2元配列の書式に惑わされて混乱してしまいがちであるが，配列の住所がついているだけで，変数と変わらないことを改めて確認してほしい．

exam10-3-6：exam10-3-5の順位の欄に合計点の高い順から順位をつける．

プログラム作成の構想：exam10-3-6

順位を決定する場合では，何もない状態からの順位付けは手間がかかるので，あらかじめすべてを1位としておき，他の値と比較して低い値であれば+1して2位とするというアルゴリズムにした方が効率的である．したがって，着目するデータと比較するデータを選んで，比較の作業をしなければならないことになる．しかし，前章の第4節で学習した並び替えと同じような比較方法ではうまく処理できない．なぜだろうか．次の**図10.3.7**を見てほしい．

図10.3.7で示したように，並び替えで行ったような比較のアルゴリズムでは不十分であることがわかる．それならば，負けたら+1と処理する方法でどういったアルゴリズムのプログラムにすれば良いのだろうか．次の**図10.3.8**を見てほしい．

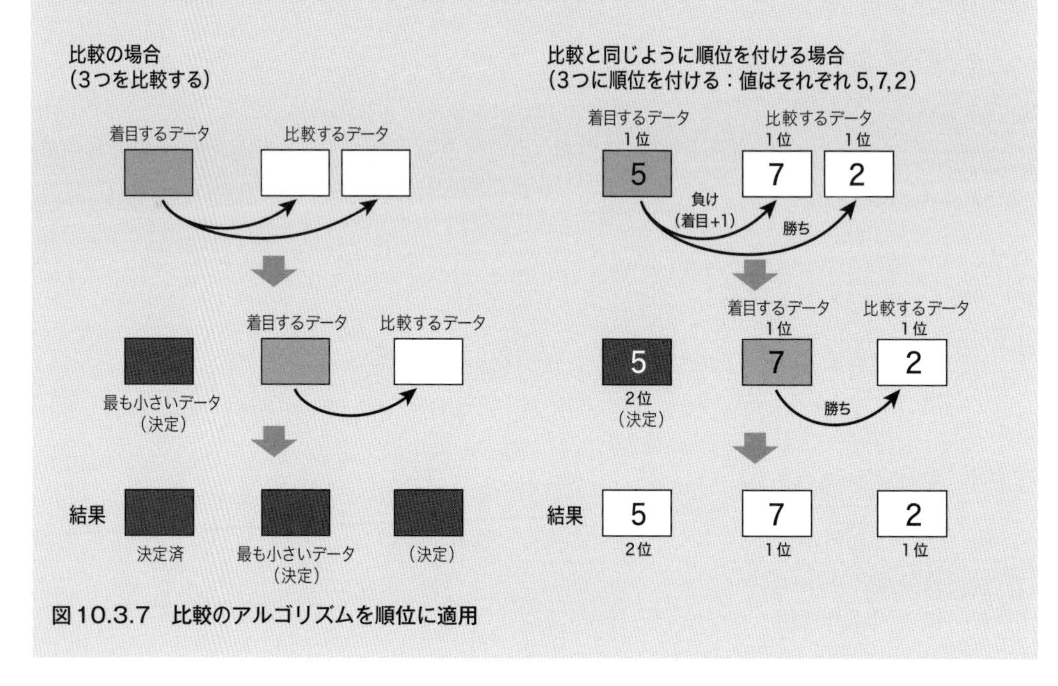

図10.3.7　比較のアルゴリズムを順位に適用

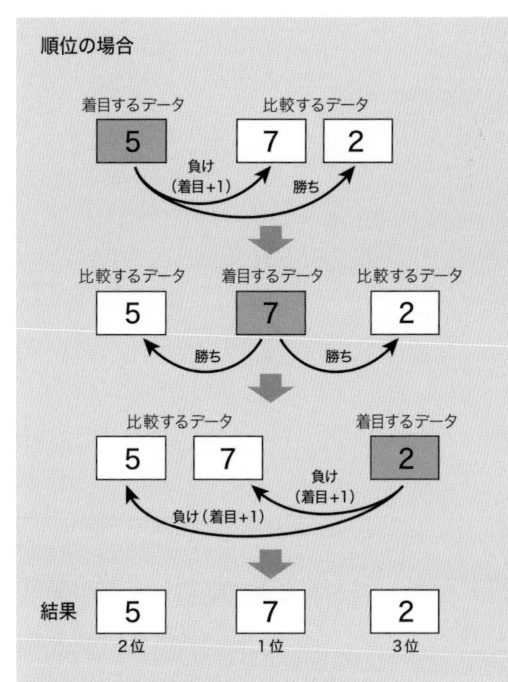

図10.3.8　順位のアルゴリズム

例えば1位のデータは2回比較して2回勝ちなので+0となる．2位は2回比較して1回負けなので+1，3位は2回比較して2回負けなので+2となる．つまり，着目するデータはすべてで，かつ他のすべてのデータと比較するプログラムとすれば良い．

プログラムソースファイルの作成：exam10-3-6（exam10-3-5に追加する部分のみ抜粋：11行目の変更，加えて19行目と21行目の間にプログラムを挿入する）

```
11          int kai,heya,tyakumoku,hikaku;
```

```
21          for ( tyakumoku = 0; tyakumoku <= 4; tyakumoku++ )
22          {
23                  for ( hikaku = 0; hikaku <= 4; hikaku++ )
24                  {
25                          if ( data[tyakumoku][5] < data[hikaku][5] )
26                          {
27                                  data[tyakumoku][6]++;
28                          }
29                  }
30          }
```

プログラム文の解説：exam10-3-6

11行目：比較を行うための変数tyakumokuとhikakuを加える．

21 ～ 30行目（新たに挿入：exam10-3-5の21 ～ 28行目は32行目以降に変更）：比較を行い，比較するデータより小さいならば順位に1を加算する．**図10.3.8**のように，比較の際に用いたアルゴリズムではなく，どのデータについても他のすべてのデータと比較するプログラムにした．つまり，着目するデータ（外側の繰り返し）を最後のデータまで（4号室まで）にして，比較するデータもすべての場合において初期値を0号室からとした（並び替えではtyakumoku+1号室から）．

プログラムの実行：exam10-3-6

```
C:¥myprogram>exam10-3-6
76      68      80      78      76      378     4
82      78      81      80      78      399     3
65      70      77      75      78      365     5
90      81      79      84      82      416     1
77      92      84      79      80      412     2
```

図10.3.9　exam10-3-6の実行結果

うまく順位をつけることができた．しかし，順位付けも並び替えも比較を行うという点では同じであるので，本質は同じであるはずである．とすれば，順位付けも比較のアルゴリズムをそのまま用いることができるはずである．どういったプログラムにすればそれが可能か，気付くことができるだろうか．

exam10-3-7：exam10-3-6と同じプログラムを作成する．ただし，第9章で学んだ並び替えのプログラムと同じ比較のアルゴリズムをそのまま用いる．

プログラム作成の構想：exam10-3-7

並び替えの時に行った組み合わせのアルゴリズムで順位を付ける（**図10.3.10**）．負けたら（比較対象よりも値が低ければ）+1とし，勝てば（比較対象よりも値が高ければ）+0とするが，勝てば比較対象が負けなので，比較対象を+1とする（else節）．つまり，比較する際に着目するデータと比較するデータ両方に順位を付ける処理を行うアルゴリズムにすれば，繰り返しの回数を減らすことができ，より効率的なプログラムにすることができるはずである．

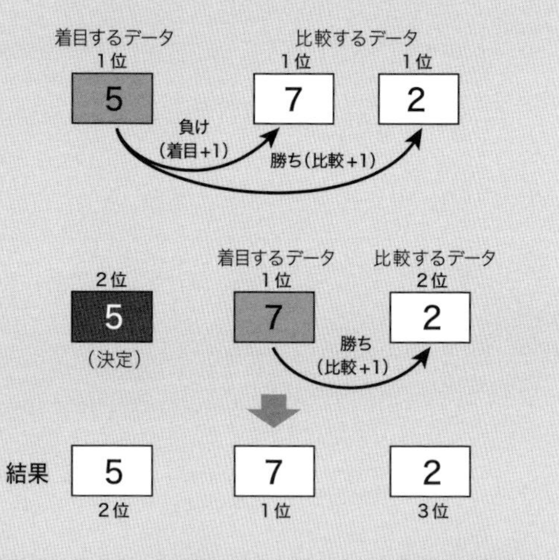

図10.3.10　比較のアルゴリズムを順位に適用

プログラムソースファイルの作成：exam10-3-7（exam10-3-6の順位付けを行う21〜30行目を変更）

```
21          for ( tyakumoku = 0; tyakumoku <= 3; tyakumoku++ )
22          {
23                  for ( hikaku = tyakumoku + 1; hikaku <= 4; hikaku++ )
24                  {
25                          if ( data[tyakumoku][5] < data[hikaku][5] )
26                          {
27                                  data[tyakumoku][6]++;
28                          }
29                          else
30                          {
31                                  data[hikaku][6]++;
32                          }
33                  }
34          }
```

プログラム文の解説：exam10-3-7

繰り返しのアルゴリズムを第9章で学習したアルゴリズムに変更し，if文をif～else文に変更しただけなので，詳しく解説しなくても理解できると思う．

プログラムの実行：exam10-3-7（exam10-3-6と同じなので省略）

難しいプログラムではあるが，徐々にでも良いので，正確に分析することによってアルゴリズムが理解できると思う．それでは，本章最後のプログラムに挑戦してみよう．

exam10-3-8：順位に基づいて，得点の高い順に上から並び替える．

プログラム作成の構想：exam10-3-8

前章の第4節（9.4）で学習した並び替えを思い出してほしい．交換を行う場合，値を一時的に避難させるための変数を用意し，その変数を利用して交換を行うというアルゴリズムを用いた．それと同じように，本プログラムにおいても比較と交換のアルゴリズムを用いれば可能と思われるが，1つだけ問題がある．前節で学習した交換は1つの値を交換するのみであったが，本プログラムにおいて交換する値は1つではないということである．すなわち，横1列の値同士をすべて交換しなければならない．そのアルゴリズムをどうするかについては，**図10.3.11**を見てほしい．

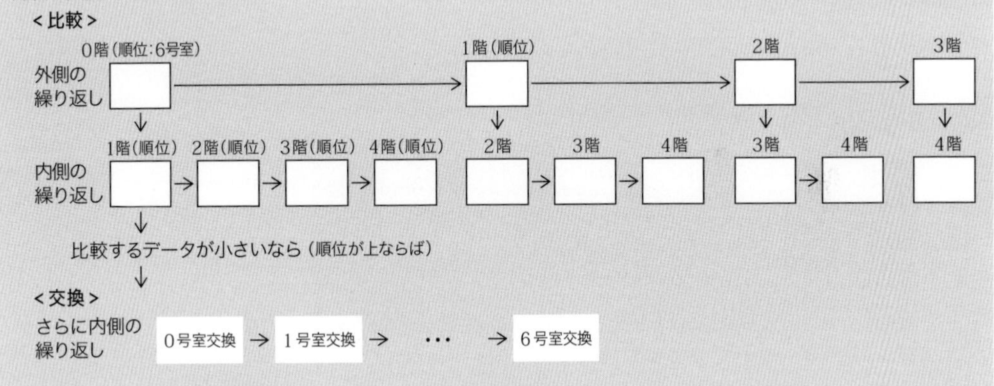

図10.3.11　2元配列におけるソーティングアルゴリズム

図で何となくでも気付くと思うが，複数の値を交換するので，交換も繰り返して行わなければならないというアルゴリズムになる．比較をするための二重の繰り返しに加え，交換についても反復処理を用いなければならないので，三重の繰り返しとなる．

プログラムソースファイルの作成：exam10-3-8（exam10-3-7に追加する部分のみ抜粋：11行目の変更，加えて34行目と36行目の間にプログラムを追加する.）

```
11          int kai,heya,tyakumoku,hikaku,stock,heya_koukan;
```

```
36          for (tyakumoku = 0; tyakumoku <= 3; tyakumoku++ )
37          {
38                  for ( hikaku = tyakumoku + 1; hikaku <= 4; hikaku++ )
39                  {
40                          if ( data[tyakumoku][6] > data[hikaku][6] )
41                          {
42                                  for ( heya_koukan = 0; heya_koukan <= 6; heya_koukan++ )
43                                  {
44                                          stock = data[tyakumoku][heya_koukan];
45                                          data[tyakumoku][heya_koukan] = data[hikaku][heya_koukan];
46                                          data[hikaku][heya_koukan] = stock;
47                                  }
48                          }
49                  }
50          }
```

プログラム文の解説：exam10-3-8

11行目：値を交換するために値を一時避難させておく変数stockと，複数の値を繰り返し処理を用いて交換するためのカウンタ変数をさらに作成する.

36～50行目：外側の二重の繰り返しは比較のための繰り返しとなる. 順位の付けられた部屋（6号室）を0階から4階まで（5階分）を比較するので，着目する値は3階までで比較する値は4階までとなる. 交換については，順位が上だったら前に（上に）来るようにしなければならないので，比較する側が順位が上であれば交換を行う. 交換は横1列すべての交換となるため，0号室から6号室まで（7部屋分）のすべての値を入れ替える繰り返し処理を内側で行うこととする.

プログラムの実行：exam10-3-8

```
C:¥myprogram>exam10-3-8
90      81      79      84      82      416     1
77      92      84      79      80      412     2
82      78      81      80      78      399     3
76      68      80      78      76      378     4
65      70      77      75      78      365     5
```

図10.3.12　exam10-3-8の実行結果

本章最後の4つのプログラムは難易度が高かったと感じられたのではないかと思う. 難易度が上がっても正確にアルゴリズムを分析することがプログラミングの上達につながるので，自らが理解できるようにプログラムを何度も吟味してほしい.

10.4 演習問題

次の行列の和を算出するプログラムを作成せよ．ファイル名はtest10-1．

$$\begin{pmatrix} 2 & 5 \\ 1 & 8 \\ 7 & 2 \end{pmatrix} + \begin{pmatrix} 1 & 10 \\ 9 & 3 \\ 7 & 5 \end{pmatrix}$$

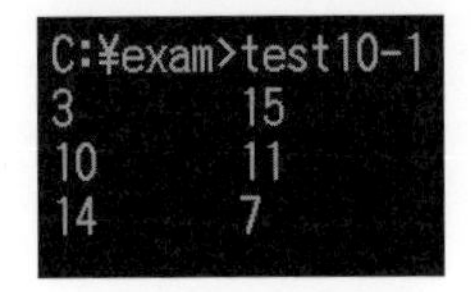

Q 10-2

次の行列の差を算出するプログラムを作成せよ．ファイル名はtest10-2．

$$\begin{pmatrix} 2.4 & 5.1 & 2.1 \\ 1.9 & 3.3 & 1.7 \\ 3.0 & 2.4 & 1.8 \end{pmatrix} - \begin{pmatrix} 1.8 & 2.4 & 4.1 \\ 5.4 & 3.8 & 2.8 \\ 1.1 & 2.2 & 1.5 \end{pmatrix}$$

```
C:¥exam>test10-2
0.6      2.7      -2.0
-3.5     -0.5     -1.1
1.9      0.2      0.3
```

Q 10-3

次の行列の和を算出するプログラムを作成せよ．ただし，値の規則性を利用して，行列2つの構成する要素をプログラム自体が代入するプログラムにせよ．ファイル名はtest10-3．

$$\begin{pmatrix} 10 & 12 & 14 & 16 \\ 20 & 22 & 24 & 26 \\ 30 & 32 & 34 & 36 \end{pmatrix} + \begin{pmatrix} 1 & 2 & 3 & 4 \\ 15 & 16 & 17 & 18 \\ 29 & 30 & 31 & 32 \end{pmatrix}$$

```
C:¥exam>test10-3
11       14       17       20
35       38       41       44
59       62       65       68
```

Q 10-4

次の行列を代入して，転置行列として表示する（表示の仕方を変える）プログラムを作成せよ．転置行列とは行と列を入れ替えた行列のことである．

$$\begin{pmatrix} 1 & 2 & 3 \\ 4 & 5 & 6 \\ 7 & 8 & 9 \end{pmatrix}$$

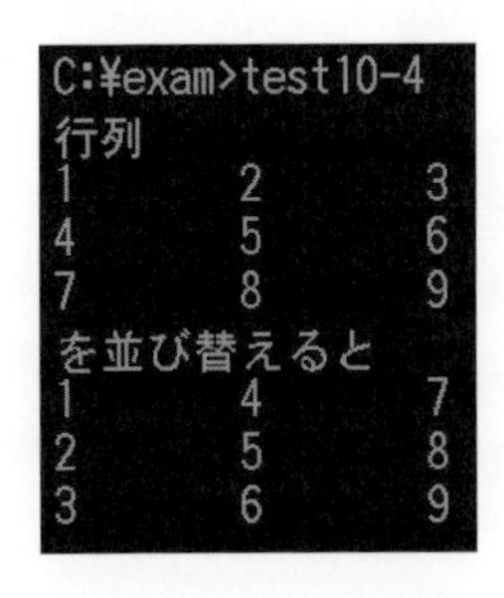

次の行列の和を算出するプログラムを作成せよ．ただし，値の規則性を利用して，行列2つの構成する要素をプログラム自体が代入するプログラムにせよ．ファイル名はtest10-5.

$$\begin{pmatrix} 1 & 2 & 3 & 4 \\ 11 & 13 & 15 & 17 \\ 21 & 24 & 27 & 30 \\ 31 & 35 & 39 & 43 \end{pmatrix} + \begin{pmatrix} 50 & 49 & 48 & 47 \\ 60 & 58 & 56 & 54 \\ 70 & 67 & 64 & 61 \\ 80 & 76 & 72 & 68 \end{pmatrix}$$

```
C:¥exam>test10-5
51      51      51      51
71      71      71      71
91      91      91      91
111     111     111     111
```

次の行列を2元配列に代入して，実行結果のように表示するプログラムを作成せよ（表示の仕方を変える）．ファイル名はtest10-6.

$$\begin{pmatrix} 1 & 2 & 3 \\ 4 & 5 & 6 \\ 7 & 8 & 9 \end{pmatrix}$$

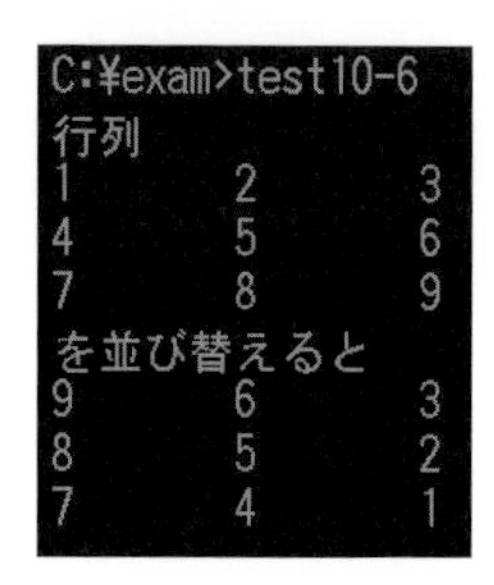

```
C:¥exam>test10-6
行列
1       2       3
4       5       6
7       8       9
を並び替えると
9       6       3
8       5       2
7       4       1
```

次の表がある．

観測結果	1回目	2回目	3回目	4回目	5回目	計
A	44	43.8	44.8	42.8	43.9	
B	37.5	39.2	38.3	37.7	37.9	
C	41.3	42.1	41.6	41.8	40.9	
計						

このデータ群を2元配列に代入して，空欄の計の欄にそれぞれの行および列の合計値を算出するプログラムを作成せよ．ファイル名はtest10-7.

```
C:¥exam>test10-7
44.0    43.8    44.8    42.8    43.9    219.3
37.5    39.2    38.3    37.7    37.9    190.6
41.3    42.1    41.6    41.8    40.9    207.7
122.8   125.1   124.7   122.3   122.7   617.6
```

次の行列の積を算出するプログラムを作成せよ．ファイル名はtest10-8.

$$\begin{pmatrix} 2 & 3 & 5 & 5 \\ 4 & 1 & 4 & 4 \\ 7 & 2 & 3 & 1 \\ 2 & 2 & 5 & 8 \end{pmatrix} \times \begin{pmatrix} 4 & 2 & 7 & 4 \\ 6 & 3 & 3 & 1 \\ 1 & 4 & 5 & 5 \\ 3 & 4 & 3 & 2 \end{pmatrix}$$

```
C:¥exam>test10-8
46      53      63      46
38      43      63      45
46      36      73      47
49      62      69      51
```

次の3次元空間上の点がある．

	x座標	y座標	z座標
点A	1	3	2
点B	2	5	3
点C	3	4	3
点D	5	2	4
点E	2	3	3
点F	3	4	2
点G	4	4	1
点H	5	1	2

これらの点で原点から最も離れた位置にある点を算出するプログラムを作成せよ．点Pの座標を(x_1, y_1, z_1)とするならば，原点からの距離Dは$D = \sqrt{(x_1^2 + y_1^2 + z_1^2)}$となる．ファイル名はtest10-9.

```
C:¥exam>test10-9
原点から最も離れた点は5,2,4で距離は6.708204です
```

前問10-9において，原点からの距離ではなく，点A～点Hのうち2点間の距離が最も離れた点を算出するプログラムを作成せよ．ファイル名はtest10-10.

```
C:¥exam>test10-10
最も離れた2点は2,5,3と5,1,2で距離は5.099020です
```

第11章 関数

様々な機能が充実したプログラムを作成する場合(例えば，ワープロソフトや表計算ソフト等のアプリケーションを思い浮かべると良い)，1人のプログラマー（プログラミングを行う人）が白紙の状態からプログラムを記述し始め，完成まで作成するならば何年もかかるだろう．だが，1つのアプリケーションに対して数多くのプログラマーが開発に携わるならば，開発期間を短くすることができる．プログラム自体が長く大きなプログラムになればなるほど，多くの人数をかけて開発するスピードをできるだけ早くした方がメリットが大きい．なぜならば，世の中のニーズは驚くほど速く変わり，あるアプリケーションが必要だと思った時点から５年後にはそのアプリケーションは時代遅れとなることもありうるからである．
C言語だけに限らないが，多くのプログラミング言語にはこれらの問題に対処するための策が備えられている．それは関数というプログラムの構造である．関数とは，言わばプログラムの部品である．つまり，数多くのプログラマーがそれぞれが担当するプログラムの部品を作成して，後でそれぞれの部品を1つに合わせて，結果的に1つのアプリケーションにすることが可能になる．これをプログラムのモジュール化という．

プログラムを関数（部品）として細かく分けて作成した場合，次のメリットがある．

1. 部品化すると人的資源を多くかけられるので，アプリケーションの開発期間を短くすることが可能になる．
2. コンピュータプログラムをある程度の期間継続して使用するにはバージョンアップが必要となる(なぜならば，コンピュータの世界ではハードやソフトの進化が絶えず起こり，それらに対応しなければならないからである)．アプリケーションのバージョンアップの際に，そのアプリケーションがあらかじめ部品（関数）に分けて作成されているならば，ある部品をバージョンアップ（交換）すれば良い，あるいは別に機能の部品を付加すれば良い等ということになる．それゆえ，関数化されていないプログラムのバージョンアップに比べ，そのコストが低く抑えられることになる．

本章ではこの関数について学習してみよう．

11.1 関数の作成（定義）

本書では，これまで幾度となく以下の文を記述してきた.

```
main()
{
}
```

実はこれをmain関数と呼ぶ. 決まり文句のように考えてほしいと説明してきたが，これまでmain関数という部品を数多く作ってきたことになる. C言語プログラムではプログラム中にmain関数が必ず1つ存在しなければならない決まりがあり，その決まりに従ってmain関数を記述してきたわけである.

関数は名前()（名前に続いてカッコ）という書式となる. 本書では，この書式の文をすでに何度も記述している. sin()やsqrt()等はすぐに思いつくと思うが，最も基本的な命令であるprintf()やscanf()も名前()という書式であることを思い出してほしい. 実は，printf()やscanf()は入出力関数と呼ばれる関数であり，sin()やsqrt()は数学関数と呼ばれる関数である. すなわち，すでに関数をプログラム文中に初期の頃から取り入れていたことになる. しかし，よく考えてみれば，これらが関数であることはプログラムの部品であることになる. そのとおり，これらの関数はあらかじめコンパイラ側に用意されているプログラムであり，総じて標準ライブラリ関数と言われる. 例えばprintf()やscanf()の関数はStandard Input/Output headerファイルというファイルに記載されているプログラムの部品である. 勘の良い人は気付いただろうが，Standard Input/Output headerはstdio.hを意味している. コンパイルする前処理を行うものをプリプロセッサと言うが，記述するプログラムはprintf()やscanf()関数のプログラムを取り込んだ上でのプログラムであることを宣言するために，一番初めに#include<stdio.h>というinclude文を記述していたわけである. このinclude文がなければ，printf()やscanf()を使うことができない. 同じ理由で，sin()やsqrt()関数はmath.hというファイルに記載されているので，math.hをインクルードしなければならないことになる.

このように，あらかじめコンパイラ側に用意されている関数もあるが，プログラムを作成するユーザーが独自の関数を作成できる. これをユーザー定義関数と呼び，関数の一般的な書式は次のようになる.

```
データ型名　関数名(引数1のデータ型名　引数1, 引数2のデータ型名　引数2,・・・・)
{
        処理文;
        return 戻り値(返す値);
}
```

関数はプログラムの部品であり，後でそれぞれを1つにまとめて大きなアプリケーション（プログラム）にすることを前で述べたが，ただ関数同士を上下にくっつけても互いの機能を利用することはできない. 関数同士を1つにまとめ，それぞれの関数の機能を利用して，より大きなプログラムにするには関数間で値のやり取りが必要となる. この値のやり取りを担っているのが，引数（ひきすう）の部分（関数の場合は，正確には仮引数と言う）とreturn 戻り値の部分である. これは関数においては最も重要な部分であり，次節で詳細に解説したい.

ここで1つの疑問が湧くかもしれない．main関数では，mainの前のデータ型や引数，returnも記述したことがなかった．関数の一般形が上で述べた書式だとするならば，main関数はそれらが必要のない特別な関数なのだろうか．答えはノーである．あえて記述しなくてもVisual Studioのコンパイラにエラーメッセージを発せられなかっただけで，main関数が特別な関数というわけではない．main関数の前のデータ型を省略する場合，データ型は自動的にintと判断され，main()のカッコの中に何も記述しなければvoid型（無）の引数と判断され，main関数に限りreturnがなくてもreturn 0[1]があったものと判断されるので，これらを今まで記述してこなかった．したがって，他の多くのテキスト等では以下のように記述しなさいとしているものが多いと思う[2]．

```
int main( void )
{
        処理文;
        return 0;
}
```

本来であればmain関数は上の書式が正式なものとされる．正式に記述しないと，コンパイラによってはメッセージを発するものもある．本章からはmain関数を正式な書式で記述してみてほしい．

11.2 関数同士の値のやり取り

前節で述べたように，関数が持っている機能を活用するためには，値のやり取りを行わなければならない．本節ではその仕組みを学習してみよう．値のやり取りに大きく関わる引数とreturnの役割について次のプログラムで理解を深めることとする．

exam11-2-1：足し算を行うユーザー定義関数を作成する．main関数から値をユーザー定義関数に渡し，演算の後，その結果をmain関数に返して表示する．

プログラム作成の構想：exam11-2-1

上で解説した書式通りに関数を作成してみることにする．

1) 0を返すとプログラムが終了したことを知らせる意味を持つ．
2) 引数のvoidは省略されている場合が多い．

プログラムソースファイルの作成：exam11-2-1

```
 1 #include<stdio.h>
 2 int tasizan(int a,int b)
 3 {
 4         int c;
 5         c = a + b;
 6         printf("変数cの値は%dです¥n",c);
 7         return c;
 8         printf("変数cの値は%dです・・・2回目¥n",c);
 9 }
10
11 int main(void)
12 {
13         int x = 5;
14         int y = 3;
15         int z;
16
17         z = tasizan(x,y);
18         printf("変数zの値は%dです¥n",z);
19
20         return 0;
21 }
```

プログラム文の解説：exam11-2-1

2行目：ユーザー定義関数tasizanを作成する．引数（正確には仮引数と言う）を整数型の変数aとbの2つとする．

4行目：整数型の変数cを作成する．

5行目：変数aとbの加算を行い，その結果をcに代入する．

6行目：確認のために，変数cの値を画面に表示してみる．

7行目：return の命令を記述して戻り値をcとする．

8行目：6行目と同様に，確認のために変数cの値を画面に表示してみる．

11行目：main関数を作成する．

13～15行目：変数x，y，zを作成して，xに5，yに3を代入する．zには何も代入しないでおく．

17行目：関数名と引数（この式の場合は正確には実引数と言う）を記述して，これを変数zに代入する．

18行目：変数zの値を画面に表示する．

関数同士の値のやり取りを詳しく説明しよう．まず，プログラムには順次処理の法則があって基本的に上から順番に処理される．これゆえユーザー定義関数のtasizanが実行されるように思うが，ユーザー定義関数は存在するだけでは実行されない決まりになっているので，コンピュータは初めにmain関数を探して実行する．本プログラムでは，コンピュータがmain関数を上から探す途中でユーザー定義関数があるので，関数の存在自体は認識されるが，それ自体は実行されず素通りされることになる．

実行が開始されるのはmain関数からである．したがって，13行目からプログラムは実行される．main関数では，変数を作成する処理を行った後，17行目の文に到達する．

17行目の右辺はtasizan(*x*,*y*)となっている．これは関数に値を渡す処理を行う文であり，tasizanというユーザー定義関数にカッコの中の値（xとy）を渡すという意味を持つ．

ユーザー定義関数は値を受け取ると実行される．そして，ユーザー定義関数において指定している引数（aとb）とは，値を受け取る場所（変数）を意味する（2行目）．17行目ではxとyを渡す処理を行っているため（正確には実引数が仮引数にコピーされる），渡されたxとyは関数tasizanのaとbに代入される（引数は左から順に対応している）．これで，関数tasizanは値を渡されたので実行されることになる．変数aとbに関しては引数内でデータ型を決めているので，ブロック記号内で定義する必要はない（4行目以降）．4行目で引数ではない変数cの定義を行い（変数cについては定義を行わないといけない），5行目で変数（引数）aとbの加算を行った結果を変数cに代入する．6行目において，変数cの値を確認してみると変数cにはaとb（元々は値を渡したxとyの値：それぞれ5と3）の加算した結果である8が入ることが確認できる（後のプログラムの実行結果を参照のこと）．7行目のreturn，戻り値の部分は値を元の場所に返す作業を行っている．元の場所とは値を渡した元の文（17行目）であり，返す値とはreturnで指定した変数cである．

返された変数cの値は元の場所（17行目）に返されるため，17行目の左辺である変数zには変数cの値（値は8）が代入され，18行目で表示される変数zの値は8であると表示される．これらのやり取りの流れを図で書くと**図11.2.1**のようになる．

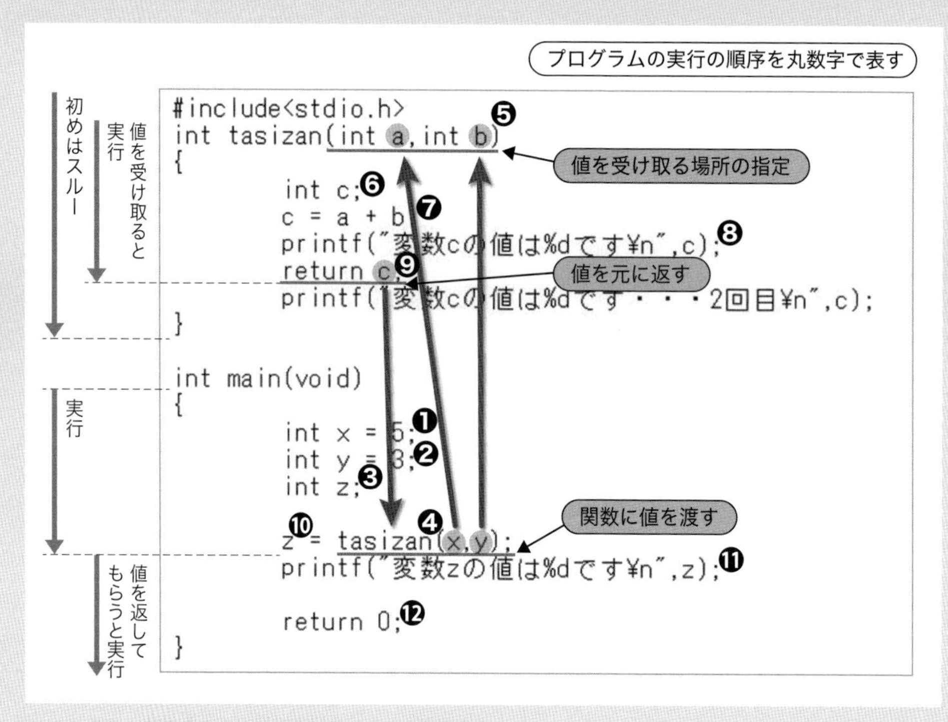

図11.2.1　関数同士の値のやり取りと処理の流れ

プログラムの実行：exam11-2-1

```
C:¥myprogram>exam11-2-1
変数cの値は8です
変数zの値は8です
```

図11.2.2 exam11-2-1の実行結果

関数同士の値のやり取りについて理解いただけたと思う．ただし，関数の取り扱いにおいては，いくつか注意しなければならない点があり，以下で述べておきたい．

1. 本プログラムでは，17行目のtasizan関数に値を渡す実引数は2個である．値を受け取るtasizan関数の方の仮引数も2個である（2行目）．渡す値の個数と受け取る値の個数が合致していないとコンパイルエラーの原因になるので，個数を合致させるようなプログラムにしなければならない．
2. 引数（渡す値や受け取る値）の個数は，無限とはいかないが，ある程度の複数個数はやり取り可能である．しかし，returnで返す値は1個だけであるので[3]，複数個返せないと思ってほしい．
3. 関数名の前につけるデータ型名は，何のデータ型を指定しているのかと思ったかもしれない．関数名の前につけるデータ型名(2行目)は，returnで返す値のデータ型を意味する．したがって，returnで返す値と一致させるようにしなければならない（このことについては次のプログラムでも詳しく解説したい）．
4. 本プログラムでは2つの関数でprintf( )を計3行記述しているが，2行しか実行されていないことに気付いただろうか．よく見ると8行目のprintf( )が実行されていない．図11.2.1でわかるように，returnの命令で値を返してしまうと（7行目），返された側に処理が移行する（17行目）．したがって，8行目のprintf( )は実行されないことになってしまう．いくらtasizan関数に値を渡したとしても，永遠に8行目のprintf( )は実行されないので，returnの記述位置には注意してほしい．
5. ユーザー定義関数において使用した変数はa，b，cであり，main関数で使用した変数はx，y，zである．変数は関数内において独立しているので，ユーザー定義関数で変数aを使用しているからと言って，main関数内で変数名がaという変数を使うことができないことはない．他の関数が使用しているものと同じ変数名の変数を用いても相互干渉をすることはなく，それぞれ独立したまったく別の変数として機能する．もちろん，プログラム文のように，異なる変数同士でも値を渡して受け取ることが可能である．

関数の値のやり取りについて大まかなところは理解できたと思う．それでは，上で述べた注意点の3について詳しく理解するために，次のプログラムを作成してみよう．

exam11-2-2：底辺と高さを入力して（整数），三角形の面積を算出する．ただし，入力と結果の表示はmain関数で行い，三角形の面積の算出はユーザー定義関数で行うものとする．

プログラム作成の構想：exam11-2-2

前のプログラムの加算の部分を三角形の面積の演算に変えるだけなので，難しくはない．

3) メモリのアドレスを操作する知識を用いれば例外はある．

プログラムソースファイルの作成：exam11-2-2（誤っているファイル）

```
 1 #include<stdio.h>
 2 int sankaku(int a, int b)
 3 {
 4         double c;
 5         c = a * b / 2;
 6         return c;
 7 }
 8
 9 int main(void)
10 {
11         int teihen,takasa;
12         double menseki;
13
14         printf("底辺を入力して下さい");
15         scanf("%d",&teihen);
16         printf("高さを入力して下さい");
17         scanf("%d",&takasa);
18
19         menseki = sankaku(teihen,takasa);
20
21         printf("底辺%d高さ%dの三角形の面積は%.1fです",teihen,takasa,menseki);
22
23         return 0;
24 }
```

プログラム文の解説：exam11-2-2

2～7行目：三角形の面積を算出するユーザー定義関数sankakuを作成する．2つの引数を受け取り，底辺×高さ÷2を算出してその結果をmain関数に返すようにする．

9～24行目：main関数を作成する．main関数では底辺と高さの入力を行い，19行目の式において，入力した値をユーザー定義関数のsankakuに渡して演算結果が変数mensekiに代入されるようにする．

プログラム文の実行：exam11-2-2

```
C:¥myprogram>exam11-2-2
底辺を入力して下さい5
高さを入力して下さい3
底辺5高さ3の三角形の面積は7.0です
```

図11.2.3　exam11-2-2の実行結果

面積が7.0となり，値がおかしいことに気付く．プログラムのどこが誤っているかわかるだろうか．

2行目の関数のデータ型が誤っていることは気付くと思う．intをdoubleにすべきである．しかし，これを修正しても残念ながら結果は変わらない．すなわち，底辺5高さ3の三角形の面積は7.5であるが，7.0と表示される結果は変わらない．第5章を思い出してほしい．切り捨てが発生している箇所がある．5行目の$c=a \times b/2$の演算式において，整数同士の割り算を行っていることに気付いただろうか．整数同士の割り算を行う際に切り捨てられてしまう規則は，ユーザー定義関数においても例外ではない．したがって，切り捨ての発生を避けるべく$c=a \times b/2.0$と修正すべきである（変数aあるいはbにデータ型のキャストを行っても良い）．ところで，変数cは4行目においてdouble型としている．したがってreturnで返す値cはdouble型である．返す値をdouble型としているのにも関わらず，関数のデータ型をint型としていた場合はどうなるだろうか．関数のデータ型をint型のままにしておいて，次のプログラムで確かめてみよう．

exam11-2-3：exam11-2-2のプログラムの5行目の演算式を，切り捨てを避けるために修正する.

プログラム作成の構想：exam11-2-3

第5章で学習したことを思い出してほしい.

プログラムソースファイルの作成：exam11-2-3（修正する5行目のみ抜粋）

```
5        c = a * b / 2.0;
```

プログラムの実行：exam11-2-3

```
C:¥myprogram>exam11-2-3
底辺を入力して下さい5
高さを入力して下さい3
底辺5高さ3の三角形の面積は7.0です
```

図11.2.4 exam11-2-3の実行結果

演算式において切り捨てを避けるための処理を行ったが結果は切り捨てされてしまった．つまり，返す値の変数をdouble型としていても，関数のデータ型をint型としているならば，切り捨てが発生する．returnで値を返す瞬間に切り捨てが起こってしまうのである．returnで返す値と関数のデータ型は一致させる必要性があることが，これで理解できたと思う.

exam11-2-4：exam11-2-3のユーザー定義関数sankakuのデータ型をdouble型に変更する.

プログラム作成の構想：exam11-2-4

関数のデータ型の変更を行う.

プログラムソースファイルの作成：exam11-2-4

2行目：ユーザー定義関数sankakuのデータ型を小数型（double）に変更する

プログラムの実行：exam11-2-4

```
C:¥myprogram>exam11-2-4
底辺を入力して下さい5
高さを入力して下さい3
底辺5高さ3の三角形の面積は7.5です
```

図11.2.5 exam11-2-4の実行結果

これで正しい結果を得ることができた．本プログラムで，関数のデータ型が重要なものだと理解できたと思う．それではさらに練習を行ってみよう.

exam11-2-5：任意に半径を入力して（整数）円の面積を算出する．ただし，半径の入力と結果の表示（円の面積の表示）はmain関数で行い，円の面積の算出はユーザー定義関数で行うこととする．加えて，ユーザー定義関数をmain関数の下で記述することにする．π=3.1415926535（小数点以下10桁）とする.

プログラム作成の構想：exam11-2-5

引数，戻り値，関数のデータ型に注意してプログラムを作成してみよう.

プログラムソースファイルの作成：exam11-2-5

```
 1 #include<stdio.h>
 2
 3 double en(int r);
 4
 5 int main(void)
 6 {
 7         int hankei;
 8         double en_menseki;
 9
10         printf("半径を入力して下さい");
11         scanf("%d",&hankei);
12         en_menseki = en(hankei);
13         printf("半径%dの円の面積は%.10fです",hankei,en_menseki);
14
15         return 0;
16 }
17
18 double en(int r)
19 {
20         double s;
21
22         s = 3.1415926535 * r * r;
23         return s;
24 }
```

プログラム文の解説：exam11-2-5

3行目：プロトタイプ宣言という．Cプログラムにおいては，1つだけ存在するmain関数が最も重要な関数であるので，コンパイラはmain関数を探してプログラムを上から下に読み進む．ユーザー定義関数がmain関数の前にある場合は，main関数を読む過程でそれをコンパイラに認識されるが，main関数の後にある場合は，コンパイラによってはユーザー定義関数を認識してくれない場合がある．このため，最初にmain関数の後に，このユーザー定義関数があるので読んで認識しておくようにという意味の連絡事項を記述しておく．これをプロトタイプ宣言と言い，ユーザー定義関数の最初の行（データ型名 関数名（引数））のコピーを記述する．ただし，この文は命令の1つとみなされるので，セミコロンで終了しなければならない．

5～16行目：main関数では，半径を入力してユーザー定義関数のenに値を渡して，返したもらった値を画面に表示する．

18～24行目：ユーザー定義関数では，受け取った値を半径として円の面積を算出し，その値を返す．

プログラムの実行：exam11-2-5

```
C:¥myprogram>exam11-2-5
半径を入力して下さい5
半径5の円の面積は78.5398163375です
```

図11.2.6 exam11-2-5の実行結果

コンパイラの種類によって動作は異なるが，main関数の後にユーザー定義関数を置く際には，プロトタイプ宣言を忘れないようにしてほしい．

11.3 関数を用いたプログラム

関数はプログラムの部品であることはすでに説明したが，プログラムを部品化する意義についてはいまだに実感が湧かないと思う．前節で取り上げたプログラムでは足し算，三角形の面積，円の面積を算出する部分を関数化したが，それらを関数化して何の意味があるのか，と反論が出ても仕方ないと思う．よって本節では，プログラムを関数化する意義について多少なりとも実感できるような，より実践的なプログラムを紹介したい．

exam 11-3-1：任意に正の整数xおよびyを入力して，xの階乗とxのy乗を算出する．ただし，入力と結果の表示はmain関数で行い，xのy乗あるいはxの階乗の算出はユーザー定義関数で行うものとする．

プログラム作成の構想：exam11-3-1

初めに思いつくプログラムは，階乗と累乗それぞれ別々の処理を行うプログラムなので，階乗を算出する関数と累乗を算出する関数を作成して，main関数から値を渡してそれぞれの演算結果を返してもらうプログラムであると思う．

プログラムソースファイルの作成：exam11-3-1

```
1  #include<stdio.h>
2  int kaijo_kansu(int a)
3  {
4          int kaijo = 1;
5
6          while(a>0)
7          {
8                  kaijo = kaijo * a;
9                  a--;
10         }
11
12         return kaijo;
13 }
14
15 int ruijo_kansu(int a,int b)
16 {
17         int ruijo = 1;
18         int count;
19
20         for ( count = 1; count <= b; count++ )
21         {
22                 ruijo = ruijo * a;
23         }
24
25         return ruijo;
26 }
27
28 int main(void)
29 {
30         int seisu,kaijo,ruijo,beki;
31
32         printf("階乗を算出します¥n正の整数を入力して下さい");
33         scanf("%d",&seisu);
34         printf("この数の累乗も算出します¥n何乗しますか");
35         scanf("%d",&beki);
36
37         kaijo = kaijo_kansu(seisu);
38         ruijo = ruijo_kansu(seisu,beki);
39         printf("%dの階乗は%dで、%dの%d乗は%dです",seisu,kaijo,seisu,beki,ruijo);
40
41         return 0;
42 }
```

プログラム文の解説：exam11-3-1

2 ～ 13行目：階乗を算出する関数を作成する．階乗の演算については，反復処理の学習の際にすでに経験済みなのでそれほど難しくはないと思う．値を受け取り，繰り返し処理を用いてその数の階乗を計算して返す処理である．アルゴリズムの簡単なwhile文を採用することとする．

15 ～ 26行目：累乗を算出する関数を作成する．値を受け取り，繰り返し処理を用いて累乗を算出する．階乗と異なり，累乗する場合は乗算する数を1ずつ減らさないようにしなければならない．また，繰り返しの回数で制御するのでfor文を用いることとする．

28 ～ 42行目：main関数を作成する．値（xおよびy）を入力して，それぞれ階乗と累乗を算出する関数に値を渡して，返った値を画面に表示する．階乗を算出する関数に渡す値は1つだが，累乗の演算はxのy乗という2つの値が必要であるので，累乗を算出する関数には2つ渡す．

プログラムの実行：exam11-3-1

```
C:¥myprogram>exam11-3-1
階乗を算出します
正の整数を入力して下さい5
この数の累乗も算出します
何乗しますか3
5の階乗は120で、5の3乗は125です
```

図11.3.1　exam11-3-1の実行結果

階乗を算出する部分，累乗を算出する部分を関数化した．しかし，プログラムのある部分を分けただけであって，関数化する意味がわからない人もいるだろう．そこで，次のプログラムを作成してみてほしい．

exam11-3-2：exam11-3-1と同じプログラムを作成する．ただし，1つのユーザー定義関数で階乗と累乗両方とも算出できるようにする．

プログラム作成の構想：exam11-3-2

階乗も累乗も同じ関数で算出せよと言われてもどうしたら良いかわからないと思うが，工夫次第で可能になる．プログラミングにおいては，自らがその時点で発想できないようなアルゴリズムにどれだけ接するか，あるいは，あるアルゴリズムを可能にするためにはどうするかと考える経験を積むことが重要だと思う．したがって，あえて1つの関数で複数の処理をこなせるアルゴリズムを考えてほしい．そして，工夫次第では1つの関数で複数の処理をこなせるアルゴリズムができることを自らの経験として獲得してほしい．

プログラムソースファイルの作成：exam11-3-2

```
1  #include<stdio.h>
2  int kakezan(int kakezan_kekka, int jousanti)
3  {
4          int kotae;
5
6          kotae = kakezan_kekka * jousanti;
7
8          return kotae;
9  }
10
11 int main(void)
12 {
13         int kaijo = 1;
14         int ruijo = 1;
15         int count,seisu,beki;
16
17         printf("階乗を算出します¥n正の整数を入力して下さい");
18         scanf("%d",&seisu);
19         printf("この数の累乗も算出します¥n何乗しますか");
20         scanf("%d",&beki);
21
22         for ( count = seisu; count > 0; count-- )
23         {
24                 kaijo = kakezan(kaijo,count);
25         }
26
27         for ( count = 1; count <= beki; count++ )
28         {
29                 ruijo = kakezan(ruijo,seisu);
30         }
31
32         printf("%dの階乗は%dで、%dの%d乗は%dです",seisu,kaijo,seisu,beki,ruijo);
33
34         return 0;
35 }
```

プログラム文の解説：exam11-3-2

2～9行目：ユーザー定義関数は$a \times b$しか行わない．aとbの乗算を行って返すだけの関数である．これだけのプログラムであるが，シンプルな関数であるからこそ階乗も累乗も算出可能となる．

11～35行目：入力した値の階乗と累乗を算出する．階乗の演算では乗算する値を1ずつ減らさなければならないので，入力した値が減らないようにexam11-3-1と同じアルゴリズムを採用せずに，for文によって階乗を算出することにする（それならば，累乗の演算を先に記述して，階乗の演算を後に記述すれば良いのではと思うが，最後のprintf()（32行目）においても入力した値を使いたいのでこういったプログラムにした[4]）．22～25行目が本プログラムの肝の部分であるが，乗算のみを行う関数に対して階乗を計算させるプログラムである．変数kaijoを関数に渡して，関数から返された値を同じ変数kaijoに代入する（24行目）という少し変わったアルゴリズムである．例えば，入力した値が5であるとすると，これらの文は以下のアルゴリズムになる．

1. 変数kaijoの初期値は1であるので，初めにユーザー定義関数に1とcountの5を渡す（24行目）．

4）累乗を先に演算した直後に累乗の結果を表示して，次に階乗の結果を演算して表示するというプログラムでも構わない．

2. ユーザー定義関数では乗算の演算しか行わないので，1×5を行って5を返す（2～9行目）.
3. 返された値の5は左辺の変数kaijoに代入される（24行目）.
4. 繰り返し処理なので，次の繰り返しの際（繰り返し2回目）には右辺のkaijoは初期値の1ではなく5とされており，かつ変数countは1減らされているので，ユーザー定義関数には5と4を渡す（24行目）.
5. 以下同じような処理が続く.

このアルゴリズムを階乗の演算について図解すると次のようになる（累乗も乗算する値が異なるだけで，階乗の場合と同じようなアルゴリズムである）（**図11.3.2**）.

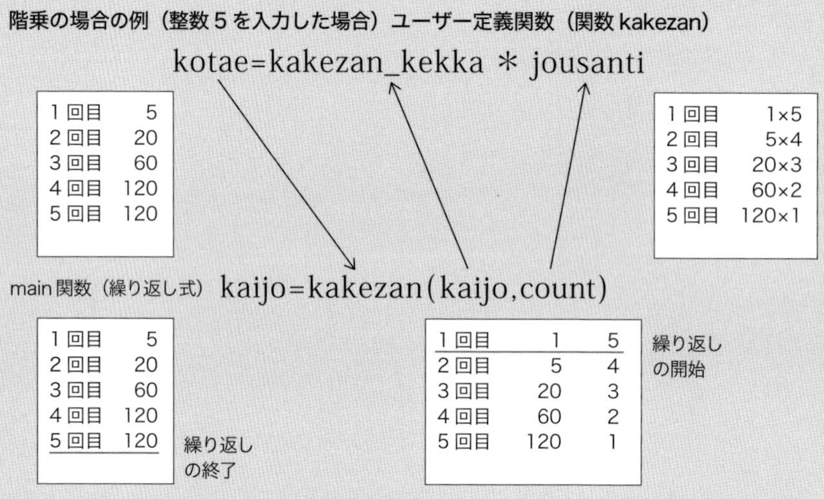

階乗の場合の例（整数5を入力した場合）ユーザー定義関数（関数kakezan）

kotae=kakezan_kekka * jousanti

1回目	5
2回目	20
3回目	60
4回目	120
5回目	120

1回目	1×5
2回目	5×4
3回目	20×3
4回目	60×2
5回目	120×1

main関数（繰り返し式） kaijo=kakezan(kaijo,count)

1回目	5
2回目	20
3回目	60
4回目	120
5回目	120

繰り返しの終了

1回目	1	5
2回目	5	4
3回目	20	3
4回目	60	2
5回目	120	1

繰り返しの開始

図11.3.2 exam11-3-2のアルゴリズム

プログラムの実行：exam11-3-2（exam11-3-1と同じなので省略）

プログラムを工夫することによって，同じ関数（プログラムの部品）で2通りのプログラムをこなすことも可能となる. プログラムを関数化することが，ただプログラムの一部を分けることではなく，効率化という意味で無駄なことではないのかもしれないという手がかりを何となくでもつかんでほしい. そして，次のプログラムでもどうすれば問題が解決できるのかを考えてほしい.

exam11-3-3：小数点以下の数字を切り捨て，四捨五入，切り上げすることができるプログラムを作成する. 1.初めに小数を入力する. 続いて，2.切り捨て，四捨五入，切り上げの3つの中からどの処理を行うかを選択する（値を入力する）. 3.最後に小数点以下何桁目に対して選択した処理を行うかを入力する. ただし，小数の入力と結果の表示はmain関数で行い，切り捨て，四捨五入，切り上げの処理は1つのユーザー定義関数で行うことにする.

プログラム作成の構想：exam11-3-3

切り捨て，四捨五入，切り上げの3つを同じ関数で処理するとなると，それぞれ何の処理を行うかによって，分岐処理によって場合分けを行って演算を行えば良いと考える. しかし，それではプログラム文がかなりの長さになってしまうので，場合分けをせずに処理することを目指してみよう．

さて，これまでのプログラム作成の経験から，小数でも整数型で処理するならば切り捨てされてしまうことはわかると思う．したがって，切り捨ての処理は簡単である．一方，四捨五入の処理については少し難しいが，0.5を加算することに気付くことが鍵となる．例えば0.45に0.5を加算すると0.95となり，この値を整数型にすると切り捨てられて0となる．例えば0.5に0.5を加算すると1.0となり，整数型にすると0.5は結果的に1となり切り上げられる．最後の切り上げはもうわかると思うが，同じように1を加算して切り捨てれば良いことになり，これらを利用したプログラムにする．そして，小数点以下の任意の桁数に対して上記の処理をしなければならないことに関しては，小数型と整数型へ変更すると必ず小数点以下1桁目以降が切り捨てされてしまうことに注目して，入力した小数に対して10のx乗を乗算して小数点の位置を下げる処理を加える（例：小数点以下3桁目で処理したい場合は，小数点以下2桁目を1桁目にするために100倍した後(2桁上げる)に処理(切り捨て)を行う)アルゴリズムにする．

プログラムソースファイルの作成：exam11-3-3

```
 1 #include<stdio.h>
 2 #include<math.h>
 3 double shousuu_shori(double suuji,int flag,int ketasu)
 4 {
 5         int jousan,count;
 6 
 7         jousan = pow(10,ketasu - 1);
 8         suuji = suuji * jousan;
 9         for( count = 0; count < flag; count++ )
10         {
11                 suuji = suuji + 0.5;
12         }
13         suuji = (int)suuji;
14         suuji = suuji / jousan;
15 
16         return suuji;
17 }
18 
19 int main(void)
20 {
21         int flag,keta;
22         double shousuu;
23 
24         printf("任意の小数を入力して下さい");
25         scanf("%lf",&shousuu);
26         printf("切り捨て=0の入力¥n四捨五入=1の入力¥n切り上げ=2の入力");
27         scanf("%d",&flag);
28         printf("小数点以下何桁をしますか");
29         scanf("%d",&keta);
30         shousuu = shousuu_shori(shousuu,flag,keta);
31         printf("処理された数字は%.14fです",shousuu);
32 
33         return 0;
34 }
```

プログラム文の解説：exam11-3-3

2行目：10のべき乗→10,100,100,・・・をたやすく作り出すために（入力した数字の桁上げのために必要）数学関数pow()を使用したい（もちろん反復処理を用いて作り出しても構わない）．これゆえ，数学関数のヘッダファイルmath.hをインクルードしておく．

3行目：切り捨て，四捨五入，切り上げを行う関数を作成する．main関数において入力する値は処理を施す小数の値と，切り捨て，四捨五入，切り上げを選択する値，加えて小数点以下第何桁を処理するかを決める値の3つであるので，引数を3つとする．

7～8行目：任意の桁数を小数点以下1桁の位にするために，10のべき乗値を作り出して，それを入力した値に乗算する．

9～12行目：この部分が，切り捨て，四捨五入，切り上げの3つの処理を同時にこなすことを可能にする文である．main関数において，切り捨ての処理ならば0，四捨五入の処理ならば1，切り上げの処理ならば2を入力してもらい，引数（変数flag）として受け取る．変数countの初期値は0とし，受け取った変数flagより小さい場合に繰り返すという繰り返しの条件とする．反復する処理はmain関数で入力した小数に0.5を繰り返して加算する．このようにすれば，切り捨ての場合は受け取った変数flagの値は0となり，繰り返し処理は1回も繰り返されない（0.5が1回も加算されない）まま，次の処理に移行する．四捨五入の場合は受け取った変数flagの値は1なので，1回だけ繰り返される（0.5が1回加算される）．切り上げはflagは2なので，2回繰り返されて入力した小数に計1が加算される（0.5が2回加算される）ことになる．

13～14行目：データを小数型から整数型に変えて（データ型のキャスト），8行目で小数点の位置を変更するために行った10のべき乗の乗算の処理を元に戻すために，乗算した分を除算する．

16行目：演算結果をmain関数に返す．

19～34行目：main関数では，1.任意の小数の入力，2.切り捨て，四捨五入，切り上げの選択，3.任意の小数点以下の桁数の入力を行って，すべての値をユーザー定義関数に渡して，結果を受け取って表示するシンプルな処理しか行わない．

プログラムの実行：exam11-3-3（切り捨て，四捨五入，切り上げのすべてのパターンの実行）

```
C:¥myprogram>exam11-3-3
任意の小数を入力して下さい0.15426
切り捨て=0の入力
四捨五入=1の入力
切り上げ=2の入力0
小数点以下何桁をしますか5
処理された数字は0.15420000000000です
C:¥myprogram>exam11-3-3
任意の小数を入力して下さい0.15426
切り捨て=0の入力
四捨五入=1の入力
切り上げ=2の入力1
小数点以下何桁をしますか5
処理された数字は0.15430000000000です
C:¥myprogram>exam11-3-3
任意の小数を入力して下さい0.15426
切り捨て=0の入力
四捨五入=1の入力
切り上げ=2の入力2
小数点以下何桁をしますか5
処理された数字は0.15430000000000です
```

図11.3.3 exam11-3-3の実行結果

本プログラムに挑戦した理由は，exam11-3-2のように切り捨て，四捨五入，切り上げを同一の関数でこなせるような柔軟な思考を経験してもらいたいという意図がないわけではないが，それが最大の目的ではない．main関数の部分を見てほしい．すっきりしていると感じないだろうか．値の入力，そして値を関数にすべて渡して，演算結果を画面に表示するだけである．こういったプログラムは非常にわかりやすい．なぜなら数値の操作（演算）をmain関数において行っていないので，結果がうまくならない場合はユーザー定義関数のアルゴリズムに対してのみ集中すれば良いからある．関数はプログラムの部品であると説明したが，部品化の意義として，よりわかりやすいプログラムにすることができる点においても大きな利点がある．プログラムをいっさい関数化せずに，main関数内にすべてを記述する場合，特に切り捨て，四捨五入，切り上げの3種類を異なる処理でこなそうとするならば，とても長いプログラムになってしまうだろう．プログラムが複雑かつ巨大化するにつれ，わかりにくくなることはある程度仕方がないことであるが，関数化することが1つのプログラムの単元として解析できるので知ってほしい．

ところで，本プログラムは小数に対する処理を行うプログラムであるが，小数を扱う際，コンピュータ処理特有の現象がある．それは丸め誤差と言われる現象である．以下の実行結果を見てほしい．

プログラムの実行：exam11-3-3

```
C:¥myprogram>exam11-3-3
任意の小数を入力して下さい123.456
切り捨て=0の入力
四捨五入=1の入力
切り上げ=2の入力1
小数点以下何桁をしますか3
処理された数字は123.45999999999999です
```

図11.3.4　exam11-3-3の実行結果（丸め誤差の発生）

コンピュータにおいては，小数点以下の数字も例外ではなく2進数で表現するため，値によっては循環小数となってしまうこともある．コンピュータのデータを保持しておく桁数は有限であるため，循環小数を処理する場合に，わずかな誤差が生じてしまい，特有の丸め誤差が発生する．したがって，この実行結果では本来123.4600・・・であるはずが，丸め誤差が生じて123.459999・・・・となっている．丸め誤差をなるべく減らす工夫はできるが，完全になくすことはできない．コンピュータプログラミングを行うならば，丸め誤差の発生については覚えておく必要がある．

exam11-3-4：正n角形（$n \geqq 3$）は円に内接する．これゆえ，正3角形からnを徐々に大きくするならば，徐々に円の面積に近づいていくはずである．このことをシミュレーションする．ただし，正n角形の面積については，半径を等辺とする2等辺三角形を算出し（図11.3.5：2辺の長さをそれぞれaとbとし，それらの挟角をCとするならば，面積Sは$S=\frac{1}{2}ab\sin C$で算出される．辺の長さが半径，挟角は360÷nとなる二等辺三角形がn個集まったものとなる．）．半径（整数）の入力，正3角形から正n角形までの面積を算出するかの整数nの入力，および結果の表示をmain関数において行い，角度のradian計算，3角形の面積，値を比較のための円の面積の算出をユーザー定義関数にて行う．したがって，関数の数はmain関数含めて計4つとなる．π=3.1415926535とする．

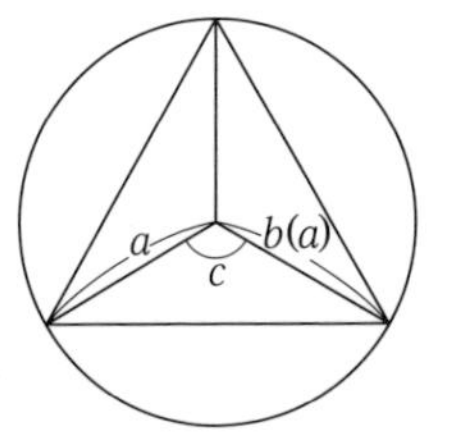

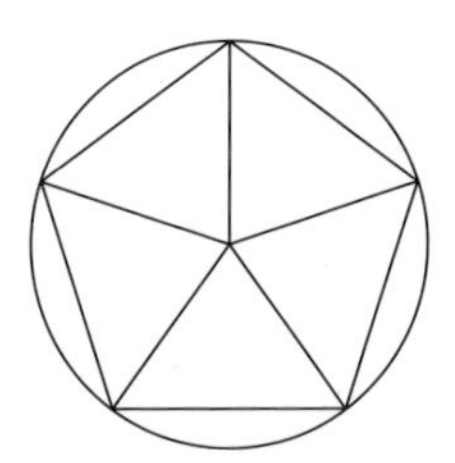

・・・

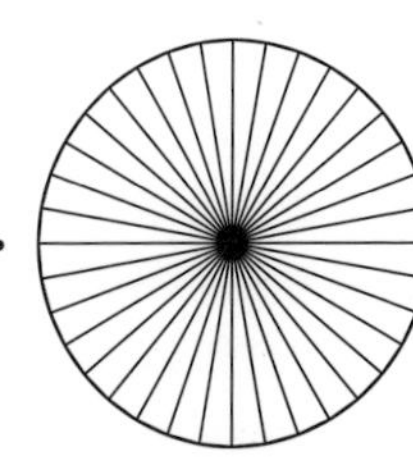

図11.3.5　円の面積の近似

プログラム作成の構想：exam11-3-4

長いプログラムになるが，アルゴリズムとしてはそれほど難解ではないと思うので客観的に分析していただきたい．まず，挟角の異なる三角形の面積を何度も計算する（n角形までシミュレートする）ので，三角形の面積を算出する処理を関数化するとわかりやすい．加えて，円の面積の算出と挟角のラジアン変換をそれぞれ関数化することにする．プログラム文では$360 \div n$を行って（度計算），それをラジアン変換することにする．そのようなプログラムにせずとも，$2\pi \div n$を行えば良いという反論があると思うが，値のやり取りの様々なパターンを示したい意図があって，あえて回りくどいプログラムにすることを最初に断っておきたい．

プログラムソースファイルの作成：exam11-3-4

```
1  #include<stdio.h>
2  #include<math.h>
3  #define PI 3.1415926535
4
5  double radian(double kakudo)
6  {
7          double rad;
8
9          rad = kakudo * PI / 180;
10
11         return rad;
12 }
13
14 double sankaku(int hen, double C)
15 {
16         double menseki,radian_kakudo;
17
18         radian_kakudo = radian(C);
19         menseki = 1 / 2.0 * hen * hen * sin(radian_kakudo);
20
21         return menseki;
22 }
23
24 double en(int r)
25 {
26         double V;
27
28         V = PI * r * r;
29
30         return V;
31 }
32
33 int main(void)
34 {
35         int hankei,n,count;
36         double kakudo,sankaku_menseki,en_menseki;
37
38         printf("半径を入力して下さい");
39         scanf("%d",&hankei);
40         printf("正何角形までシミュレートしますか");
41         scanf("%d",&n);
42
43         for(count = 3; count <= n; count++ )
44         {
45                 kakudo = 360.0 / count;
46                 sankaku_menseki = sankaku(hankei,kakudo) * count;
47                 printf("正%d角形の面積は%.10fです¥n",count,sankaku_menseki);
48         }
49                 en_menseki = en(hankei);
50                 printf("¥n半径%dの円の面積は%.10fです",hankei,en_menseki);
51
52         return 0;
53 }
```

プログラム文の解説：exam11-3-4

3行目：define文と言う.「#define　定数名　値（定数）」と記述することで，ある定数を記号で置き換えることができる（終了のセミコロンは必要はない）. 例えば，プログラム文のように π 等の長い定数の場合，その値をPIという単語で置き換えることができれば，プログラム文中でPIと書くだけで3.1415926535の代わりとなる. したがって，特に何度も記述しなければならない場合は，記述ミスを防ぐことができる. ちなみに，そのプログラムを作成者以外の人間が読んでもすぐ定数だとわかるように，define文で記述する定数名は一般的にすべて大文字で記述するという暗黙の決まりがある.

5 ～ 12行目：引数として度（°）を受け取って，ラジアン単位に変換して返す関数である. π は上で述べたdefine文で定義したPIを用いる.

14 ～ 22行目：引数として二等辺三角形の辺の長さ（半径に等しい）と角度を受け取り，三角形の面積を算出して返す関数である. ここで気付くと思うが，ユーザー定義関数からラジアン変換を行う関数に角度を渡している（18行目）. つまり，この関数はmain関数から辺の長さと角度（°）を受け取り，ラジアン変換を行う関数に角度（°）を渡して，返してもらったラジアン単位の角度（rad）を用いて面積の演算を行っていることになる. このように，必ずしもmain関数だけが値を渡すとは限らず，ユーザー定義関数から他の関数に値を渡しても構わない.

24 ～ 31行目：引数として半径を受け取り，円の面積を算出して返す関数である. この関数においても演算においてdefine文で定義したPIを用いる.

33 ～ 41行目：main関数において変数の作成を行い，半径および正 n 角形の n（両方とも整数）を入力する.

43 ～ 48行目：正3角形から正 n 角形（n は入力した値）の面積を算出するので，反復処理を用いる. カウンタ変数countの初期値は3，反復するための条件は n 以下となる. 繰り返す処理は以下の処理である. 1. 二等辺三角形の挟角の算出（45行目：単位は度）. 2. 三角形の面積を算出するユーザー定義関数（14 ～ 22行目）へ半径と1で算出した角度を渡して，三角形の面積を返してもらう（46行目）. ただしこの際に，ユーザー定義関数は1つの三角形の面積を返してくるので，カウンタ変数を乗算することによって正 n 角形の面積にする. 3. 正 n 角形の面積を画面に表示する.

49 ～ 50行目：正 n 角形の面積と比較するために，円の面積を算出する関数に半径を渡して円の面積を返してもらい，画面に結果を表示する.

プログラムの実行：exam11-3-4（1つは半径5，正20角形まで近似した実行結果（図11.3.6）. もう1つは半径5，正100角形まで近似した実行結果（最後の部分のみ：図11.3.7））

プログラムの実行結果の比較によって，正20角形の面積より正100角形の方がより円の面積に近い値であることがわかる. プログラムが複雑になり，反復処理も組み込まれると，初めは何からどう考えて良いのかとまどってしまうが，処理を細分化して分析していけばそんなに難しくはないので，あきらめずに経験値と知識レベルを上げていってほしい.

```
C:¥myprogram>exam11-3-4
半径を入力して下さい5
正何角形までシミュレートしますか20
正3角形の面積は32.4759526430です
正4角形の面積は50.0000000000です
正5角形の面積は59.4410322678です
正6角形の面積は64.9519052827です
正7角形の面積は68.4102547146です
正8角形の面積は70.7106781171です
正9角形の面積は72.3136060880です
正10角形の面積は73.4731565347です
正11角形の面積は74.3381123983です
正12角形の面積は74.9999999981です
正13角形の面積は75.5175154551です
正14角形の面積は75.9296543436です
正15角形の面積は76.2631205747です
正16角形の面積は76.5366864709です
正17角形の面積は76.7638540627です
正18角形の面積は76.9545322462です
正19角形の面積は77.1161239340です
正20角形の面積は77.2542485916です

半径5の円の面積は78.5398163375です
```

図11.3.6　exam11-3-4の実行結果
（正20角形の場合）

```
正95角形の面積は78.4825688845です
正96角形の面積は78.4837550739です
正97角形の面積は78.4849047768です
正98角形の面積は78.4860194741です
正99角形の面積は78.4871005728です
正100角形の面積は78.4881494094です

半径5の円の面積は78.5398163375です
```

図11.3.7　exam11-3-4の実行結果
（正100角形の場合）

exam11-3-5：exam11-3-4において，main関数以外の関数（ユーザー定義関数）が，合計何回値を受け取って返したのかを調べるプログラムをexam11-3-4に追加する．

プログラム作成の構想：exam11-3-5

関数の中の変数の値はreturnで値を返すと消去されてしまう．例えば，5～12行目のラジアン変換する関数では，値を受け取った時に引数である変数kakudoに値が入り，演算式によって変数radに値が入って変数radの値を返す．変数kakudoと変数radに入った値は，値を返した直後に消去されてしまう．こういった変数を動的変数と呼ぶ[5]．また，変数kakudoと変数radはユーザー定義関数のradian()の中でのみ有効であるため（例えば，main関数内では関係のない変数である），ローカル変数（ローカルは「地域的な」という意味であり，つまり局所的な変数）と呼ばれる．これに対して，グローバル変数（グローバルは「全世界的な」という意味であり，つまり普遍的な変数）というすべての関数に対して適用される変数がある．本プログラムでは，このグローバル変数を用いてプログラムを作成してみることにする．

プログラムソースファイルの作成：exam11-3-5（追加部分のみ）

exam11-3-4に以下の文を追加する．

3行目define文と5行目のユーザー定義関数の間：

```
4 int kaisu = 0;
```

5）動的変数があるということは，当然のことながら静的変数もある．しかし，静的変数についてはどちらかと言えば，ポインタ・アドレスという分野の事項なので割愛する．

すべてのユーザー定義関数における変数の定義文とreturn文の間（計3行）：

```
10 20 29 kaisu++;
```

50行目（円の面積の値を画面に表示する）以降でかつreturn 0の前：

```
51 printf("¥nユーザー定義関数が実行された回数は計%d回です",kaisu);
```

プログラム文の解説：exam11-3-5

グローバル変数を作成（定義）するには，関数の外で変数を作成しなければならない．ただし，順次処理の法則があるので，プリプロセス（プログラムの前準備処理を行う作業：include文やdefine文の処理）後に記述する決まりになっている．ここで作成された変数はグローバル変数となり，すべての関数で有効であり，それが保持する値が消去されることもない．したがって，各関数内で同じ変数を作成することもなく使用できる変数となる．プログラムではグローバル変数kaisuを作成して初期値として0を代入する．ユーザー定義関数においては，それが実行されると変数kaisuに+1加算されることとする．結果，すべてのユーザー定義関数が実行された回数が算出できることとなる．

プログラムの実行：exam11-3-5（追加した部分の結果のみ：半径5，正20角形の実行時）

```
ユーザー定義関数が実行された回数は計37回です
```

図11.3.8　exam11-3-5の実行結果

正3角形から正20角形までの面積の算出（18回）と同じ回数のラジアン変換（18回）に加えて，円の面積の算出を1回行ったので計37回である．ローカル変数とグローバル変数を解説するために本プログラムを取り上げたが，グローバル変数をむやみに用いることは好まれていないのが現実である．例えば，大きなプログラムの部品（関数）を複数の人間で作成する場合，1人あるいは何人ものプログラマーがすべての関数に通用するグローバル変数を数多く作成したとすれば，他のプログラマーが作成した関数のプログラムがその影響をまったく受けないとも言い切れない．このため，一般的にプログラミングの世界ではグローバル変数の乱立は良くないという考えがセオリーであることも心にとめておいてほしい．

exam11-3-6：黄金比という比率がある$\left(1:\frac{1+\sqrt{5}}{2}\right)$．この比の$\phi=\frac{1+\sqrt{5}}{2}$の値は1.618033988749894848…であり，以下の式で表されることが知られている．

$$\phi=\sqrt{1+\sqrt{1+\sqrt{1+\sqrt{1+\cdots}}}}$$

この式は無限に続くので，コンピュータプログラムでは実現不可能であるが，ある程度までは演算可能である．$\sqrt{1+1}=\sqrt{2}$を最下層とし，何重のルートの計算を行うかを任意に入力して黄金比を近似する．例えば，3重のルートとする場合は$\sqrt{1+\sqrt{1+\sqrt{1+1}}}$を演算するものとする．

プログラム作成の構想：exam11-3-6

本章最後は再帰処理という処理を学習したい．その語のごとく再び帰る処理であり，自らで自らの関数を呼び出す処理を言う．再帰処理は値のやり取りが複雑であるので，プログラムがどう処理されるかについて本プログラムで理解できるまで学習してほしい．

プログラムソースファイルの作成：exam11-3-6

```
1  #include<stdio.h>
2  #include<math.h>
3  double ougonhi_kinji(int nanjuu, double ougonhi)
4  {
5          if ( nanjuu > 0 )
6          {
7                  ougonhi = sqrt(1 + ougonhi);
8                  nanjuu--;
9                  ougonhi = ougonhi_kinji(nanjuu,ougonhi);
10                 return ougonhi;
11         }
12         else
13         {
14                 return ougonhi;
15         }
16 }
17
18 int main(void)
19 {
20         int layers;
21         double kekka;
22
23         printf("何重まで計算しますか");
24         scanf("%d",&layers);
25
26         kekka = ougonhi_kinji(layers,1);
27
28         printf("黄金比の近似の結果は%.14fです",kekka);
29
30         return 0;
31 }
```

プログラム文の解説：exam11-3-6

3～16行目：黄金比の演算を行う関数である．main関数から平方根を何重まで演算するかを決める値と$1+\sqrt{x}$のx（最下層は1とするのでmain関数からは初めに1）を受け取り，$1+\sqrt{x}$の演算を行って，その値を今度はxとして返す処理を行う．9行目が，自らの関数自身に値を渡す処理を行う式であり，main関数から受け取った値を処理して返す前に，値を渡す処理を行っていることになる．再帰処理は自らが自らに値を渡すという特殊なプログラムであるが，プログラムの進行をわかりやすく解説すると次の図のようになる（**図11.3.9**：二重のルートの計算の場合）．

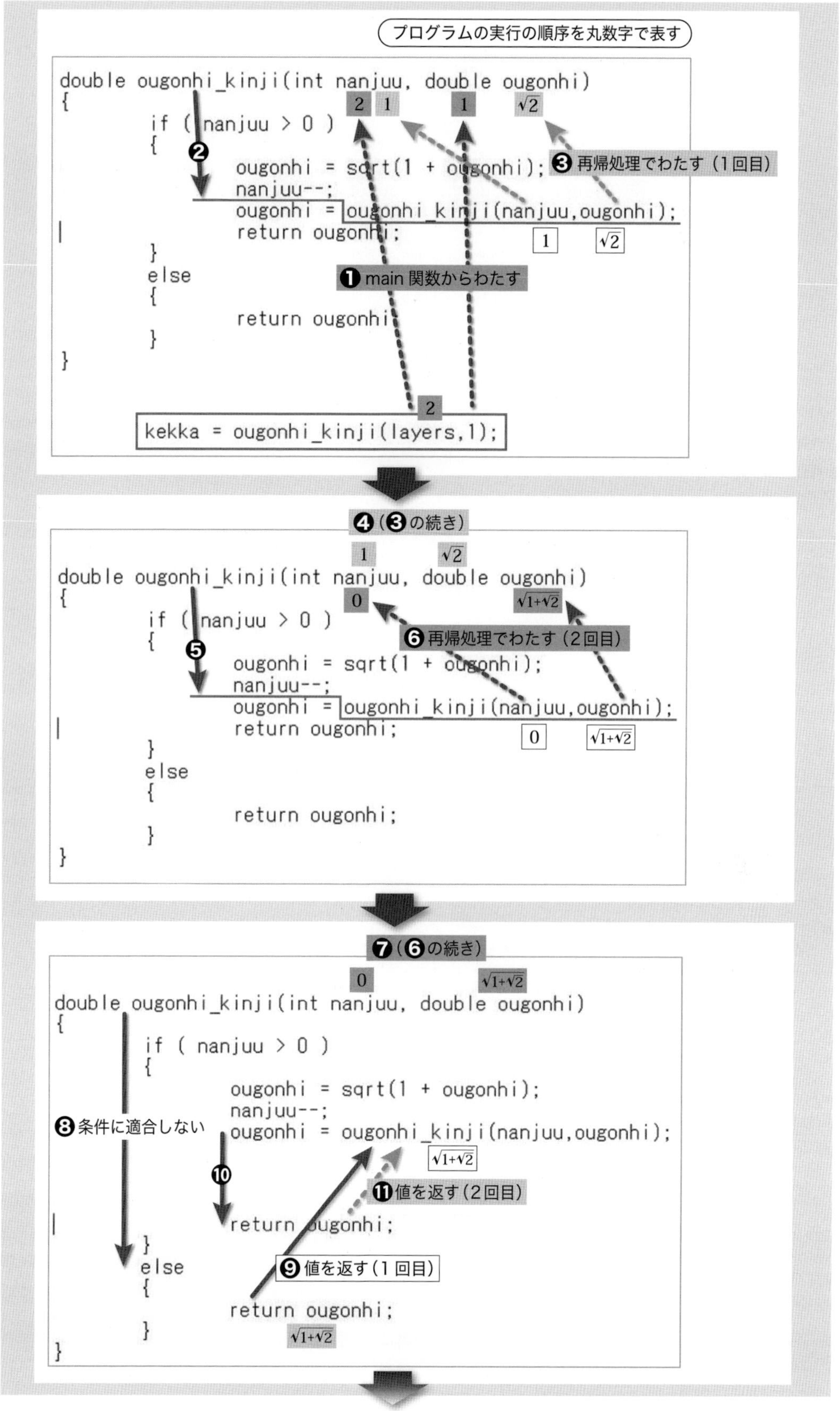

プログラムの実行の順序を丸数字で表す

```
double ougonhi_kinji(int nanjuu, double ougonhi)
{
        if ( nanjuu > 0 )
        {
                ougonhi = sqrt(1 + ougonhi);
                nanjuu--;
                ougonhi = ougonhi_kinji(nanjuu,ougonhi);
                return ougonhi;
        }
        else
        {
                return ougonhi;
        }
}

    kekka = ougonhi_kinji(layers,1);
```


❹（❸の続き）

```
double ougonhi_kinji(int nanjuu, double ougonhi)
{
        if ( nanjuu > 0 )
        {
                ougonhi = sqrt(1 + ougonhi);
                nanjuu--;
                ougonhi = ougonhi_kinji(nanjuu,ougonhi);
                return ougonhi;
        }
        else
        {
                return ougonhi;
        }
}
```


❼（❻の続き）

```
double ougonhi_kinji(int nanjuu, double ougonhi)
{
        if ( nanjuu > 0 )
        {
                ougonhi = sqrt(1 + ougonhi);
                nanjuu--;
                ougonhi = ougonhi_kinji(nanjuu,ougonhi);

                return ougonhi;
        }
        else
        {
                return ougonhi;
        }
}
```

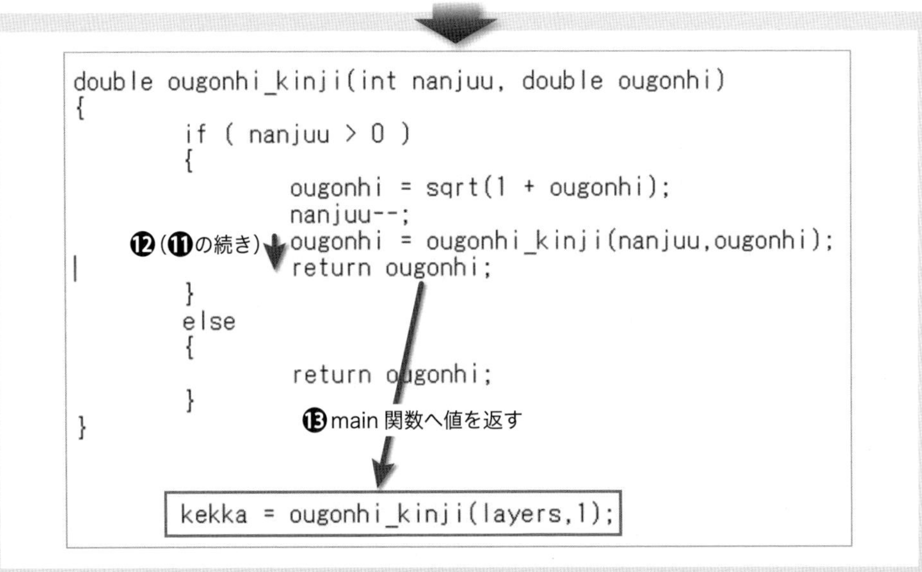

```
double ougonhi_kinji(int nanjuu, double ougonhi)
{
        if ( nanjuu > 0 )
        {
                ougonhi = sqrt(1 + ougonhi);
                nanjuu--;
                ougonhi = ougonhi_kinji(nanjuu,ougonhi);
                return ougonhi;
        }
        else
        {
                return ougonhi;
        }
}

kekka = ougonhi_kinji(layers,1);
```

⑫（⑪の続き）

⑬main 関数へ値を返す

図11.3.9　再帰処理のアルゴリズムと処理の流れ

再帰処理は，自らの関数に値を渡し続けるので，プログラム構造によっては無限の繰り返しになってしまうことがある．このため，再帰処理を終える条件を正しく決めるアルゴリズムにしなければならない．また，プログラムの実行の順序を考えると理解できると思うが，自らが自らの関数に値を渡している間は値が返ってこない．値を渡さなくなった時にようやくreturnで値が返ってくる．値を渡してから値が返ってくるまでにかなりの処理を要し，かつ値を渡した回数だけ返さなければならないので，値を返すアルゴリズムは複雑である．

18～31行目：main関数においては，何重の平方根を行うかを入力して，$1+\sqrt{x}$のxの値（最初は1）をユーザー定義関数に渡して，演算結果を返してもらって画面に表示する処理を行う．

プログラムの実行：exam11-3-6

```
C:¥myprogram>exam11-3-6
何重まで計算しますか5
黄金比の近似の結果は1.61612120650812です
C:¥myprogram>exam11-3-6
何重まで計算しますか20
黄金比の近似の結果は1.61803398870709です
```

図11.3.10　exam11-3-6の実行結果

実行結果からわかるように，平方根を重ねる回数を多くするならば，より黄金比に近づくことがわかる．ただし，本プログラムは再帰処理を行うプログラムでなくても作成可能であり，再帰処理のプログラムを勧めるためではなく，再帰処理という処理があることを紹介するために取り上げた．再帰処理でなくても記述可能ならば，再帰処理は避けるべきという考えが一般的である．なぜなら，本プログラムの進む処理の順序を理解してわかったと思うが，渡した値が処理されて，戻り値として返ってくるまでにはかなりの手順を踏まなければならない．値が返ってくるまでの変数の値はそのたびメモリに保存されることになり，メモリ容量を多く要するデメリットがある．もちろん，クイックソート等に代表されるように，再帰処理を念頭におかれているアルゴリズムもあるが，述べたようにそれが再帰処理を避けることができる処理であるならば，場合によっては避けた方が良いこともある．それでは，本プログラムを再帰処理を用いなくても作成可能であるならば，再帰処理を行わないプログラムにするにはどうしたら良いだろうか．読者の方は，すでにこの問題と同じようなプログラムを作成したことを覚えているだろうか．

exam11-3-7：exam11-3-6と同じであるが，再帰処理を用いないプログラムに改変する．

プログラム作成の構想：exam11-3-7

exam11-3-2のプログラムを思い出してほしい．階乗の演算を乗算のみしか行わない関数に渡すプログラムで，返してもらった値をすぐに渡すアルゴリズムであった．本プログラムにおいても，$1+\sqrt{x}$の演算結果aを返してもらった後，今度はaを$1+\sqrt{x}$のxとして渡せば，何重にもなる平方根の演算が可能となるだろうと見当がつく．

プログラムソースファイルの作成：exam11-3-7

```
1  #include<stdio.h>
2  #include<math.h>
3  double ougonhi_kinji(double ougonhi)
4  {
5          ougonhi = sqrt(1 + ougonhi);
6          return ougonhi;
7  }
8
9  int main(void)
10 {
11         int layers,count;
12         double kekka = 1;
13
14         printf("何重まで計算しますか");
15         scanf("%d",&layers);
16
17         for ( count = 1; count <= layers; count++ )
18         {
19                 kekka = ougonhi_kinji(kekka);
20         }
21
22         printf("黄金比の近似の結果は%.14fです",kekka);
23
24         return 0;
25 }
```

プログラム文の解説：exam11-3-7

3～7行目：受け取った値xで$1+\sqrt{x}$の演算を行い，それを返すだけの関数である．

9～25行目：main関数では，何重まで近似するか受け取った値を繰り返し処理の条件として，19行目の式でユーザー定義関数に値を渡して，返してもらった値をすぐに再びユーザー定義関数へ渡すアルゴリズムにする．

プログラムの実行：exam11-3-7（exam11-3-6と同じなので省略）

exam11-3-2では，本プログラムの布石としての効果を持たせたかったので，特徴的なアルゴリズムのプログラムを作成した．exam11-3-2を経験していると本プログラムはそれほど困難ではないと思う．本プログラムがexam11-3-2と同じようなアルゴリズムで作成できることは，逆に言えば，exam11-3-2も再帰処理を行うアルゴリズムのプログラムでも作成可能であることになる．実際，階乗の再帰的アルゴリズムは有名であり，様々なところで紹介されている．

11.4 演習問題

任意に上底，下底，高さを入力して（整数），その台形の面積を算出するプログラムを作成せよ．ただし，入力と結果の表示はmain関数で行い，台形の面積の算出はユーザー定義関数で行うものとする．ファイル名はtest11-1．

```
C:¥exam>test11-1
台形の面積を算出します
上底を入力して下さい2
下底を入力して下さい5
高さを入力して下さい3
上底2下底5高さ3の台形の面積は10.5です
```

Q 11-2

任意に半径rを入力して（整数），その半径の球の体積と表面積を算出するプログラムを作成せよ．ただし，入力と結果の表示はmain関数で行い，球の体積と表面積の算出はそれぞれユーザー定義関数で行うものとする．球の体積Vは$V=\frac{3}{4}\pi r^3$であり，表面積Sは$S=4\pi r^2$である．$\pi=3.1415926535$とする．ファイル名はtest11-2．

```
C:¥exam>test11-2
球の体積と表面積を算出します
半径を入力して下さい5
半径5の球の体積は523.5987755833で表面積は314.1592653500です
```

sinθのθの値を0から90度まで1度ずつ変えていくならば，どのような値になるかを調べるプログラムを作成せよ．ただし，結果の表示はmain関数で行い，sinθの演算はユーザー定義関数で行うようにせよ．$\pi=3.1415926535$とする．ファイル名はtest11-3．

```
C:¥exam>test11-3
0度の時の正弦値は0.0000000000です
1度の時の正弦値は0.0174524064です
2度の時の正弦値は0.0348994967です
3度の時の正弦値は0.0523359562です
4度の時の正弦値は0.0697564737です
5度の時の正弦値は0.0871557427です
6度の時の正弦値は0.1045284633です
7度の時の正弦値は0.1218693434です
8度の時の正弦値は0.1391731010です
9度の時の正弦値は0.1564344650です
10度の時の正弦値は0.1736481777です
```

```
81度の時の正弦値は0.9876883406です
82度の時の正弦値は0.9902680687です
83度の時の正弦値は0.9925461516です
84度の時の正弦値は0.9945218954です
85度の時の正弦値は0.9961946981です
86度の時の正弦値は0.9975640503です
87度の時の正弦値は0.9986295348です
88度の時の正弦値は0.9993908270です
89度の時の正弦値は0.9998476952です
90度の時の正弦値は1.0000000000です
```

Q 11-4

$2^n-1(n=1,2,3,\cdots)$ をメルセンヌ数と言う．メルセンヌ数を算出するプログラムを作成せよ（$n=1\sim31$ までの結果とする）．ただし，結果の表示はmain関数で行い，メルセンヌ数を算出するのはユーザー定義関数で行うプログラムにせよ．ファイル名はtest11-4.

```
C:¥exam>test11-4
メルセンヌ数を算出します
1       3       7       15       31      63       127     255      511     1023
2047    4095    8191    16383    32767   65535    131071  262143   524287  1048575
2097151 4194303 8388607 16777215         33554431         67108863         13421772
7       268435455       536870911        1073741823       2147483647
```

最後の数字がint型で表示できる限界の数字であり，これを超えるとオーバーフローする.

Q 11-5

$2^{2^n}+1(n=1,2,3,\cdots)$ をフェルマー数と呼ぶ．このフェルマー数の $n=1\sim4$ までの値を算出するプログラムを作成せよ．ただし，結果の表示はmain関数で行い，2の n 乗を算出するのは前問で用いたユーザー定義関数を用いること．つまり，ユーザー定義関数では2の n 乗のみ算出できることとする．ファイル名はtest11-5.

```
C:¥exam>test11-5
フェルマー数を算出します
5       17      257     65537
```

Q 11-6

分母にさらに分数が含まれている分数を連分数という．

$$1+\cfrac{1}{2+\cfrac{1}{2+\cfrac{1}{2+\cfrac{1}{2\cdots}}}}$$

は$\sqrt{2}$に収束することが知られている．$2+\frac{1}{x}$ を演算する関数を作成して，この連分数が$\sqrt{2}$に収束することを示すプログラムを作成せよ．解き方はexam11-3-7と同じようにすることとする．ファイル名はtest11-6.

```
C:¥exam>test11-6
何重の分数を算出しますか10
連分数の答えは1.4142134999です
```

前問のtest11-6の問題を再帰処理を用いたアルゴリズムのプログラムに作り変えよ．ファイル名はtest11-7．

```
C:¥exam>test11-7
何重の分数を算出しますか10
連分数の答えは1.4142134999です
```

$y=x^2-5$ の2次式がある．ニュートン・ラフソン法により，$y=0$ のときの x の値を算出するプログラムを作成せよ．適当な初期値 x_1 をコンピュータに任意に入力する．ただし，値の入力と結果の表示はmain関数で行い，y 座標の算出（下図参照）は1つのユーザー定義関数で行うようにする．また，接線と x 軸との交点の x 座標（下図参照）の算出もさらにまた別のユーザー定義関数で行うようにする．関数は計3つとなる．

「ニュートン・ラフソン法」

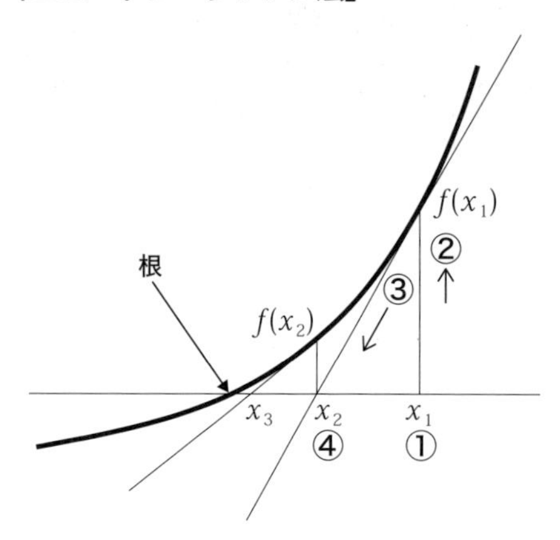

図のように方程式の解は「根（x 軸との交点）」の場所となる．解を算出する場合，適当な初期値 x_1 から垂直のグラフ上の点 $f(x_1)$ における接線③をひく．接線③と x 軸との交点 x_2 を算出し，繰り返し垂直のグラフ上の点 (x_2) から接線をひく．これを順次繰り返し，$x_1 \rightarrow x_2 \rightarrow x_3 \rightarrow \cdots\ x_n$ は次第に方程式の解に近づく．
この処理を連続する2つの近似値 $x(n-1)$ と x_n の差が指定した収束値より小さくなるまで繰り返す．本プログラムでは収束値が0.0000001以下となったら終了とする．

```
C:¥exam>test11-8
初期値(x)を入力して下さい10
5.25000000000000
3.10119047619048
2.35673727264418
2.23915722273719
2.23607010853285
2.23606797750081
2.23606797749979
```

参考文献

河野英明・横尾徳保・重松保弘 著：基礎C言語プログラミング，共立出版（2012）

若山芳三郎 著：学生のための基礎C，東京電機大学出版局（2005）

内田智史 監修，株式会社システム計画研究所 編：C言語によるプログラミング 基礎編 第2版，オーム社（2001）

索　引

記　号

英　字

50音順

あ 行

か 行

さ 行

た 行

な 行

は 行

ま 行

や 行

ら 行

memorandum

memorandum

memorandum

【著者紹介】

長尾 文孝（ながお ふみたか）

2002年　京都大学大学院農学研究科博士後期課程 単位取得退学
現　在　佛教大学生涯学習部非常勤講師　修士（環境科学）
専門分野　情報処理

楽しく学べるC言語
Enjoyable Studying C Language

2016年2月25日　初版1刷発行
2023年3月25日　初版2刷発行

著　者　長尾文孝 ©2016
発行者　南條光章
発行所　**共立出版株式会社**
〒112-0006
東京都文京区小日向4-6-19
電話 03-3947-2511（代表）
振替口座 00110-2-57035
URL　www.kyoritsu-pub.co.jp

DTP デザイン　Iwai Design

印　刷　加藤文明社
製　本　協栄製本

一般社団法人
自然科学書協会
会員

検印廃止
NDC 007.64
ISBN 978-4-320-12397-7

Printed in Japan